小户型

HANDBOOK OF SMALL SPACE DESIGN

空间设计

速查

深圳视界文化传播有限公司 编

中国林业出版社
China Forestry Publishing House

小空间如何装出大魔法?

How Do Small Family Space Be Decorated Magically In Large-sized?

　　随着寸土寸金的房产市场高温不退,以平方论格局的居住生活空间变得近乎奢侈,而小户型因其"麻雀虽小,五脏俱全"的特点,突破人们以往求大的审美标准与住房心理,被越来越多有格调、追求品质生活的年轻人所青睐拥护。

　　如何在面积缩小而功能增加的矛盾中脱颖而出,这是小户型设计中面临的首要问题。最重要的装修设计原则,是在有限的空间里,对居室需要的功能空间进行合理且创意的规划、划分,从而充分利用室内空间。对此,我们可以采取一系列的设计技巧,让小空间实现大用途,运用富有灵感的设计,为人们的生活提供多彩的选择,使小房子的生活更舒适、精彩。

　　在平面布局上,小房子通常优先考虑功能的实用性,打破并重建大户型的客厅、餐厅、书房、卧室、厨卫等的划分标准,少做"实墙",多设开放式空间,虚化、弱化功能区之间过于明显的隔离,灵活多变地布置各个功能分区、人行路线和一些大型家具。比如,厨房和客厅可用矮柜或餐边柜等进行分区;客厅、书房、卧室相互连通,留出共享门道等,令空间更显宽敞;又或结合房子走势,设榻榻米、飘窗,巧妙融合空间实用与休闲享受功能。

　　在家具选用上,个性组合、易于拆装、强化收纳的家具在小房子中是十分适宜与受欢迎的。利用L形、U形等户型的固有特点,摆放造型简约、质感轻盈的小巧家具,化解空间死角;或置入占地小、立面高的家具,不挥霍可贵空间,更可展示、容纳大量物品。家具作为居室布置的基本要素,给予小户型或素或艳、或雅或华的多样风采,小户型焕发生机,风情万种。

　　在色彩搭配上,设计在结合居者爱好的同时,选择有扩散和后退性的浅色或中性色作为沙发、床品、窗帘等的主色,一方面拓展视觉感观,一方面升华室内气质,赋予居室雅致敞亮、清新明朗的品质。

　　经过设计师魔法般的精心装扮,小户型小则小矣,然绝不缺馨香与"贵气",甚至表现出大房子的即时感,空间也不再是纯粹的"装修过的"无感情的房子,而是贴合居者内心与灵魂的有温度的"家"。

With the continuing high cost of real-estate market, it becomes luxury that use square to describe structure of living space. While the small apartment has the feature of "the sparrow may be small but it has all the vital organs" making a breakthrough in the aesthetic standards and living psychology which pursue the large apartment in the past, it is favored by more and more stylish young people who pursue the quality of life.

It is the most important problem in the design of small apartment that how to stand out in the contradiction of decreasing space and increasing function. The most important principle of decoration design is to make reasonable and creative planning and dividing for the functional space needed by the room in the limited space so as to make full use of the interior space. Therefore, we can take a series of design techniques to achieve the great use in a small space and using the inspirational design to make the life in small apartment more comfortable and wonderful through providing colorful choice to people.

In the layout, the small apartment prioritizes practical functions, breaking and reconstructing the partition standards of living room, dining room, study, bedroom, bathroom, kitchen, etc. of the large-sized house. Using the open space instead of "real wall" blurs and weakens the over obvious isolation between functional areas and arranges flexibly each functional area, pedestrian routes and some large furniture. For example, the kitchen and living room can be divided with a short cabinet or sideboard; the connection of living room, study and bedroom makes the space more spacious or according to the house trend, using the tatami and bay window fuse the function of practical and leisure to enjoy subtly.

In the selection of furniture, it is very suitable and popular to select the furniture which is personalized combination, easy disassembly and assembly and strengthening storage. Taking advantage of the inherent characteristics of L and U shape layout, you can place the simple shape and light texture of compact furniture to resolve the space dead angle or using the small size and high furniture to show and store lots of items without squandering valuable space. As the basic elements of room assigns, house furnishings of small apartment show the diverse style of plain or gorgeous, elegant or magnificent of small apartment which is refreshing, amorous and charming.

In the collocation of colors, combining with homeowners' interests, the design of small apartment selecting the light or neutral colors which have the diffuse and regressive feeling as the main color of sofa, bedding, curtains and so on not only can expand the visual sense but also can sublimate the interior temperament giving the room a taste of elegant, delicacy, commodious, bright, fresh and clear.

After the meticulous and magical decoration of designers, the small apartment is small but not lack of sweet and "extravagance", and even shows a feeling of large-sized apartment. The space is no longer a pure "decorated" house without any feeling, but a warm "home" which fits the heart and soul of homeowner.

目录

小户型空间设计必读指南

典雅精致轻奢型

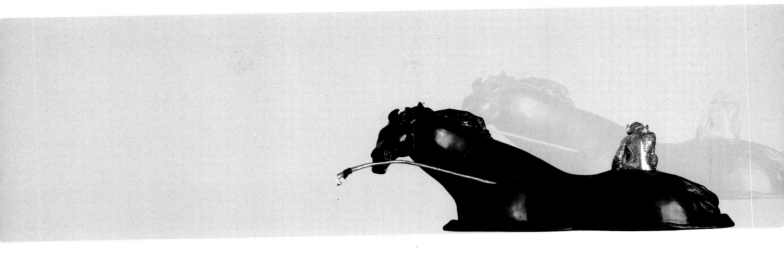

清爽舒适简约型

目录

朴素淡雅文艺型

时尚多彩艺术型

田园风格浪漫型

小户型空间设计
8大实用法则

必读指南 小户型空间设计

小户型概念

对于小户型的概念，目前没有一个严格规范的说法，在这里是指面积在 80 平米左右的单套住宅。但是，这里的小户型并不等于小面积，因为户型的大小是相对而言的。小户型的界定主要是面积与居室之比。一居 60 平米，二居 80 平米，三居 100 平米也可算为小户型。小户型由于空间安排得相对紧凑，厅的面积在 20 平方米以内，卧室的面积在 15 平方米以内，无论一居室、两居室还是三居室，一般都只有一个卫生间。其特点是每个空间面积都比较小，但能满足人们生活的基本需求。

背景分析

受经济水平所限，小户型房屋成为了多数仍处于事业起步阶段的 80、90 后白领小夫妻的热衷之选。那么，如何在较小的空间内充分提高对生活的支配度，体现更多功能性的同时保障小家温馨又与众不同的格调，就成为了越来越多的年轻夫妻关心的话题。

1 巧用空间规划：弱化空间分界，全面开放

小户型的空间规划需要全方位考虑，可以不必很多，但是各个功能区域的比例要协调，打通空间，弱化各个空间之间的分界，是小户型与大户型设计手法最大的区别。以厨房为例，如果你多数时候在外面就餐，在厨房里以做早餐、点心为主，那么可以将厨房装修成开放式的结构，将橱柜台面直接延伸出来作为吧台，供日常使用即可，还节省下了餐厅的面积。厨房在小户型中的规划，除了真正的机能设定外，也可以成为角落的端景之一，这与显性功能以及隐性功能的规划有异曲同工之妙。

2 灵活配置家具：多用圆角和吊柜

设计框架搭建起来后，家具选购和陈设决定房间的实用率和方便性。选购小户型的家具切记不要太贪心，应首先满足实际生活的需要，应回归实际需求层面，功能足够就好。此外，家具尺寸大小，建议配置时左右留一些空间，可以放置台灯或立灯营造氛围。最好以松散式的模式配置，给予空间流动与呼吸的机会。桌、椅、茶几这些物件只要刚好满足人体供需要求就可以。另一个需要注意的是，小户型的家具尽量选取圆角，材料用质感轻柔、舒适的为主。圆角家具方便人行走，不会产生触碰，等于节省了空间，质地轻柔的布料、木头都让人产生亲近感，增加居室温馨感的同时，也方便使用。

3 将收纳化于无形：利用隔断，增加储存空间

收纳是一般空间规划最基本的需求，可以区域性收纳作设计规划，例如客厅区域收纳客厅对象、卧室则以寝具与衣物收纳为主，利用隐藏式手法化整为零，无形隐藏在生活周遭，让收纳空间赋予另一个显性的功能性。设计时可采用类似"S"形、"弓"形和"工"形，以及勺子形、"山"字形等多种形式的隔断，以形成大小不同、厚薄不一的各类壁橱空间，既能增加分门别类的多种储存空间，又能节省占地，提高空间利用率。且又能保持分隔墙面的平整和完整，提高隐蔽性。

小户型空间设计 —— 8 大实用法则

4 设计风格明确：把握主题，突出特点

在有限的空间内想要创造质感的最佳方式之一就是突显主题，让人对整个空间印象更深刻，且设计的风格确立也可让后续的摆设更有方向性，空间整体呈现的层次会更有深度，利用内容的质感来呈现袖珍豪宅的魅力。

5 用色彩调和视觉效果：浅色温暖，亮色活泼

居室空间里，色彩的搭配技巧对于气氛的营造起到相当重要的作用。色彩调和能创造舒适的视觉感受，处理小空间时，从设计和色彩的搭配上作细致分析，尽量采用浅色系，以达到"小空间大利用"的效果，丝毫让人感觉不到压抑和约束感。此外，由于小户型在客厅或每个房间的尺度都属小巧型，因此可以利用设计手法在壁面等作出留白的设计感，而在这样简洁、素净的空间样貌中，只要点缀几个重点配饰、单品加以提亮，即可变化出自已的生活精髓。

6 善用饰品、植物点缀：提升空间格调，活跃氛围

巧妙的家居布置，可以让你拥有一个舒适清爽、放松惬意的居住环境。在小户型空间布局中，无需过于繁复的硬装构筑，精巧的软装饰品往往能起到画龙点睛的效果。此外，绿色植物向来是家居常用的装饰品，也是最环保的方法。试想在夏日里，客厅搭配摆放几株绿色植物，清新苍翠，自然凉爽。在冬天里，摆放几盆鲜花，灿烂娇艳，温暖宜人。需要注意的是，所选择的植物最好是适合自身空间的，而且搭配也要注意多样化，高低错落、大小各异，才能产生最好的心理效果。

7 复合利用空间：以时间换空间，灵活多用

把除了空间本身的置换，同时引入时间的概念，在相同的位置，不同的时间，具备不同的功能，通俗点说，就是多功能。因为每个空间不是特定性的空间定义，除了固定机能，其他规划则可以复合概念来设计，赋予空间多元与多重使用的可能。例如书柜的设计，一般人会在书柜旁翻阅书籍，提供一个停留下来的诱因，随时可以停下来休息，也许铺几张靠垫或毯子，随性或坐或卧，白天是柜子，晚上是床。

8 加深空间层次感：细化功能区隔，增大视觉感受

墙是用来区隔空间，界定空间使用机能的，小户型不可能有太多墙，就要利用空间层次感来达到区分空间的机能的目的。没办法做玄关柜区隔客厅和玄关的位置，就用不同的地板建材材质或是天花板的设计来划分空间。阅读区与睡眠区无法做隔间，就用地板高低的层次来做变化，或用不同的色块处理，一样可以达到区隔空间的目的。做到小而全、小而精、小而合理便利。

Style1

典雅精致
轻奢型

Light As Breeze, Still As Orchid

淡如清风 静若兰

典雅而不过度的装饰，摒弃镶金镀银的浮华人生，推崇设计的毫无炫耀，是内在的尊贵，低调的奢华，每一处细节都感人和温馨。

设计师将"点"与"面"完美结合，强调时尚与实用的重组，强调创新与传统的融合，是一种简洁、舒适而又不忽略细节的优雅，成为追求奢华精致、钟爱高品质浪漫生活的居住者个性品位的象征物语。

另外，设计摒弃了传统美式的厚重，传承了美式的优雅，又结合了简约和通透的现代风格。"简约大气，雅致内敛"，整个空间都渗透着八个字所孕育的文化内涵和休闲浪漫的生活态度。

户
型
简
介

项目名称：协信·天骄公园样板房　　　　项目地点：重庆渝北

设计公司：品辰设计　　　　　　　　　　项目面积：89m²

设 计 师：庞一飞、尹露、张婧　　　　主要材料：古堡灰石材、镜面不锈钢、夹丝玻璃等

设计思考：柔软舒适的沙发、注重格调的墙面金边和天花板雕花装饰，予人最合适温度的壁炉，在整面墙开窗投射来的明媚而不耀眼的阳光中，摇曳生姿，站立一旁的现代感极强的灯具也轻轻舞了起来。

设计思考：排列整齐的挂画、墙面简约的线条，以及表现收纳功能的橱柜，突出空间的秩序井然。粉色花艺赋予空间对称的美感，更带来一股春天细腻的蓬勃希望，而造型独特的灯具又为空间添加一份自在的优雅。

设计思考：参照人体工学设计的座椅、创意的金色摆件、敞亮的展示架，一台电脑，一杯咖啡，品出品质，尝出内涵，这是一个下午的休闲时光。

设计思考：床头与灯具的金蝴蝶、画框里的蓝色蝴蝶、摆件的金色元素，在粉蓝色空间中，在阳光里、灯光下，空间里似有蝴蝶在花园里翩跹飞舞，十分灵动。加之城堡元素的饰品，仿佛是少女的梦，在现实中完美实现。

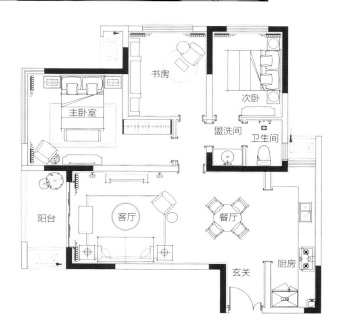

设计亮点

1. 注重细节：饰品摆件丰富，线条优美，琳琅满目而不杂乱，质感高贵而低调，金边与雕花装饰在细微之处展现品位，轻奢而不张扬。

2. 强调敞亮：客厅、书房、卧室皆是大幅度的开窗，设纱窗与窗帘，最大限度引入自然光线，同时规避光线过强，在浅系的淡雅色中吹拂和风，洋溢温柔与灿烂。

◆主卧空间◆主题：温柔神秘

设计思考：空间以梦幻神秘的淡紫色为主色调，金色元素一如既往地铺陈，考究的床品，再搭配由蝴蝶组成的花朵形状挂画，将内心的故事娓娓道来，在温柔似水与柔情蜜意中流露贵气，一切都刚刚好。

Modern & Elegant

女神主义

设计定位

本作品主打现代简欧风格，以 Tiffany 的早餐及 Tiffany 蓝的故事为灵感来源。在钢筋混凝土的都市里打造一个时尚、浪漫、清新的家居空间，简洁时尚却不失独特品味的生活空间，为自己的身与心寻一个浪漫的舒服的港湾。

现代简欧风格透露出的优雅知性与事业有成的居家女主人不谋而合。

室内设计中，设计师在材质的选择与室内色彩的搭配上颇费心思。作品最大的亮点是 TIFFANY 蓝——世界上最贵颜色的成功应用，赋予空间独特的内涵与气质，让空间显得优雅、大气、清新，创造出一个令人神驰的写意空间。

户型简介

项目名称：深圳坪山财富城

设计公司：深圳市慎恩装饰设计有限公司

设 计 师：慎国民、宋传海、余炳桥

项目地点：广东深圳

项目面积：89m²

主要材料：蓝金砂、卡拉拉白、卢卡斯灰、橡木地板等

设计思考：客厅淡雅的色调，配上品质不凡的家具，让住宅变得浪漫、优雅、舒适、自在。质感柔和的灰调大理石、米色的布艺沙发，坐凳与之相映衬托。独特图案的地毯、浪漫简约的吊灯，搭配颜色鲜明的单椅，温柔婉转诉说着空间的故事。

设计思考：水墨色纹理的大理石餐桌搭配 Tiffany 蓝餐椅，既有分明坚定的棱角，也有温柔细腻的弧形线条。别致的吊灯以四处发散开的灯光让其造型更加丰富饱满，在平面镜的反射下，空间更显明亮洁净。

◆儿童房空间◆主题：梦幻天地

设计思考：粉红色的墙面和窗帘散发着柔和的气息，落地灯和小沙发椅也别致可爱，一切装饰都以温柔的姿态陪伴着宝宝一起成长。

设计思考：次卧空间以白色简欧的床搭配浅灰色的床品和黑白格子织物，在落地窗导入的阳光映衬下，简单中也透露出幸福的美好。

◆次卧空间◆主题：简约的美好

设计思考： 主卧室每一处细节上的精雕细琢，都散发出优雅、浪漫、清新、惬意的小资气质与风范，使得整个空间动态流线丰富。木质地板又给居室带来一丝自然色彩，使空间更加柔和。艺术感满满的背景墙装饰、浪漫精致的白色吊灯、别致的条纹床品以及色彩淡雅的饰品，浸透出居住人追求精致、典雅的生活，视生活为艺术的人生态度。

Moonlight Shadow

素影

设计定位

在东西文化大融合的时代，东方元素对于中国设计师而言，不仅是对中华民族文化的传承，更是本土设计师在设计过程中寻宗归本的根脉。

本案选择了西部客群更为青睐的新东方风格，与门头沟的西部文化底蕴一脉相承，设计师"用尽量少的'自然材料'表达最丰富的空间效果，包括后期对于家具品质与品位的严苛把握"，希望居者除了可以享受到区域的高端氛围、发展前景以及山水资源赋予的尊贵和静谧，更能够在透露古色古香、韵味悠长的居室中，感受一派宁静致远的东方生活情调，以及细节之下浅埋着的奢华。

户型简介

项目名称：北京金地门头沟永定镇项目示范区高层样板间

设计公司：北京意地筑作装饰设计有限公司

设计师：连志明

项目地点：北京

主要材料：大理石、不锈钢镀黄铜、黑色钨钢金属、素色仿丝壁纸等

设计思考：高级灰是使人心灵重归清静的一种色调，而安静温馨的氛围是做住宅设计的首要出发点。因此，在整体色调方面，高级灰占据了空间的大部分面积。

细节处理：空间内部的细节处理上偏于中式，如传统文化的摆件、茶具、金箔等，在生活方式上又结合了西式，中西相通，达到中西结合层面上的一种平衡。

▶ 设 计 亮 点 ◀

1. 共融共生：在自然美学的层面上，运用人与自然的妥帖和谐展现东方情调的"奢"，生动阐释中国古人常说的"天地人合一"的境界。

2. 生活向往：山的主题在空间呈现上形成脉络，正如"仁者乐山，智者乐水"，以山为载体，表达出一种对于自然生活方式和坚定品质的向往。

◆餐厅空间◆主题：玉食生鲜

收纳展示： 左面复古的家具、带有写意的摆件，雅然的收纳与展示中，创造整个用餐空间的婆娑之影；右面现代感中显出轻奢，仿佛再寻常的美食也能在此焕发出别样的鲜味。

◆儿童房◆主题：各表一枝

功能齐全： 巧妙地设计为双孩房，一定程度上响应国家的二胎政策，并且设立了学习区、收纳区，可谓功能齐全。
星星式样的被子，富有童真气息的饰品，轻松明快，装扮出孩子发自内心的快乐。

◆卫浴空间◆主题：质感温厚

设计思考： 在选择配置上坚持少、自然与简约、品质的原则，采用传统花纹，营造温厚的洗浴氛围。

饰品摆件： 一盏灯、一相框、数片银杏叶，在令人心驰神往的光影之间，美化了空间，晕开了思维，也点染了心绪。

设计思考：山的形象，伴随淡淡墨彩的色素在空间中多次出现，卧室与客厅的水墨画作、山形纹路的大理石饰面等，弥散出空间的宁静与宽容。

飘窗神韵：在屋内坐着，翻看几行书，汲取书籍至美。窗外的绿枝，跃跃欲试，仿佛要探进身来，把窗外的风景引入，与小盆景自然而亲密交谈，共同为空间添色。

◆主卧空间◆主题：古朴曼妙

设计思考："新雨已，天清静无风"，明净的现代床品处于八方形梳妆收纳盒、古籍等的包围之中，氤氲温煦，也更使整套居室滋

养出适老、适幼、适宠，亲情与爱情相交融的气质。

Modern Fashion of the Metropolis

大都会的摩登范

本案以现代简约的装饰手法来拿捏整个空间的动线，细节上提取当下的时尚元素进行融合，将简约与奢华揉捏成一个不可以分离的整体，以不同色相的棕来搭配高级灰空间，丰富的层次展现着柔和的触感。中性灰和棕栗色都不再是男士的专属色，它们是时尚的开启，刚性柔性缠绕的的气质在张力十足的空间里都令人迷醉不已。当深沉遇上明快，当理性思慕感性，不经意间流露的时尚与美感令人格外着迷，在悦动里轻易地驱散阴霾，如一首低沉率性的爵士乐，风情迷绕。

户型简介

项目名称：西安振业泊公馆 7# 楼样板间室内设计
设计公司：汉筑设计顾问有限公司
项目地点：陕西西安

项目面积：111m²
主要材料：饰面、软包、素色墙纸、深灰色石材等

设计思考：雅致的灰色无疑是空间的主角色，像一首优雅的小提琴曲，在棕色窗帘和黑色印迹地毯的协奏下，共同演绎出一首余音绕梁的协奏曲。

刚柔并济：绿色和白色的鲜花插瓶，沁透着淡淡的芬香，金色收边材质的摆件与插花形成对比，刚柔并济，装饰出温馨时尚的居住风范。

设计思考： 餐厅与客厅相连，因此在色彩搭配上也保持一致的调性。灰色的墙面作为背景装饰色，棕灰色的餐椅居中为主角色，金属质感的餐桌和金色的墙面挂饰相呼应，每种色彩的挑选和运用都有逻辑上的意义。插花也与客厅中插花保持一致，更为就餐增添清香。

古雅斗柜： 餐厅一旁的斗柜是经过改良后的中式家具，既融入现代风格装饰又透露出中式文雅端庄的秀美。

设计亮点

1. 何意百炼钢，化为绕指柔。当清冷的高级灰邂逅温暖的棕色，知性的美感与英朗的气质融合，中性风气场炸裂时尚圈，百炼钢也能化为绕指柔。

2. 当典雅的气息在空间氤氲，华丽的金色装饰点缀出奢美的气场，配搭着沉静的宝蓝色，一切都在低调中进行。

设计思考：书房配以棕色实木书架、书桌和皮革椅子，在墙面装饰画的映衬下，透露出一丝英伦风范。

设计思考：走进主卧室便想沉睡在舒适的软榻上，轻灰色的床具和床品描绘出如梦般美好的休憩场所，宝蓝色抱枕和床毯点缀令其更加醒目。床头墙面以深灰色背景和金色挂饰加以修饰，金色的车边境和吊灯散发出昏黄色的灯光，让整个卧室充满了精致的温馨之感。

◆客房空间◆主题：休憩时光

设计思考：次卧和主卧在色彩搭配上保持一致，灰色床品上的蓝色相比主卧更淡，色彩上冷静做淡处理，加以区分，令主次分明格局有序。

Natural Spirit, Classical Luxury

自然灵性，奢华经典

设计定位

本案采取崭新的现代与经典相结合的设计理念，在强调营造空间主题氛围的同时，将客户群的职业、兴趣、爱好巧妙地注入建筑内部的各个细节，使样板房不再单纯地作为展示空间，而是使之融入实际生活，彰显主人魅力与品位。

奢华不仅是一种视觉感受，同时也是一种生活体验。人在空间中，可以全方位地感受到源于空间所带来的真实的奢华体验，同时，其现代的气息又给人良好的舒适感。

户型简介

项目名称：成都皇冠湖壹号现代奢华样板间
设计公司：艾迪尔设计
设 计 师：张怀、张云、张浪

项目地点：四川成都
项目面积：108m²
主要材料：灰石材、西奈珍珠石材、蓝金砂石材、不锈钢仿古铜等

设计思考：整体空间使用黄色和灰色为主色调，以蓝色做点缀，充分表现了现代风格大胆撞色及时尚的特点。恢弘之中，无意便能赏到书房一角，更添雅致韵味。

材质表达： 客厅的硬朗造型，高级灰的皮面家具结合墙面大理石的镜像纹理，再加上金属质感的家具及灯具，体现出现代风格的装饰性，同时又不失品质感的设计语言。

▼ **设 计 亮 点** ▲

1. 平衡稳定：以现代概念引入，现代设计手法和经典的构成相结合，实现概念与现实的平衡，达到稳定的空间框架。

2. 极致奢华：运用现代手法，利用 5mm 的金属线条勾勒立面造型，在色彩上应用高级灰结合低明度的蓝橘跳跃色，展现极致的奢华感。

◆餐厅空间◆主题：通透贵气

设计思考：餐厅延续客厅的色彩，同时，完全开放式的客、餐厅使得空间通透大方，又更好地让客厅和厨房有了交流和互动。

陈设讲究：搭配现代感强烈的餐桌、餐椅与吊灯，衬以金属镶边，辅以多种精巧的饰物，精致与华侈中隐藏着一股磅礴的贵气。

◆ 书房空间 ◆ 主题：天蓝想象

设计思考：天蓝色搭配金色桌边与桌角，高贵中浮想联翩，让人或随手取书翻阅，或隔窗研读，或赏一收藏，都忽地想起外面的广阔天地。

◆ 卫浴空间 ◆ 主题：现代高端

设计思考：简洁大方的线条，高级灰的大理石和深色木饰面，再加上金属质感的的线条，体现出现代风格的装饰性，同时又不失高端质感。

◆ 客房空间 ◆ 主题：晴朗怡丽

设计思考：同样是高级灰和米白色的搭配，明快、简约。大幅的飘窗，拉近了与真实的自然生活的距离。精致的软装摆设，突出时尚的品位、高贵的气质。

◆主卧空间◆主题：优雅华丽

设计思考：高级灰依然是整个空间的主色调，搭配镜面元素，使得空间通透明亮，同时也突显精致华贵，而装饰铜色骏马与环形饰品，则更使居者进入忘我的境界。

回味经典：白色的床品加蓝橘靠包以及黄色丝巾的点缀，为空间注入了舒适温馨的氛围，让心灵远离都市的喧哗，让生活每时每刻都能够回归经典。

New Interpretation of Oriental Spirit

东方品质精神的新诠释

设计定位

设计师通过东方文化的匠心遵守来缔造空间的独特气质，在空间中透过当代设计形式、设计语言，全新阐释东方中国文化背景下的现代设计探索。本案设计即是在东方精神的支撑下，融合新时代的品质与审美来打造一个和谐的居室，同时在空间中通过材质与造型的映衬，强调了新东方的品质精神、强调艺术与空间的碰撞，又相辅相成，恰到好处地融入整个空间，勾勒出沉稳的东方意境，这是自我本真的一个坚守和追求。

户型简介

项目名称：南昌绿地悦公馆样板房

设计公司：上海飞视装饰设计工程有限公司

设 计 师：张力、李姝

项目地点：江西南昌

主要材料：大理石、金属、木饰面、壁纸等

摄 影 师：金选民

设计思考：灰色的织物与木质对撞出温暖却不失格调的空间，蓝色的布艺肆意地发挥抽象简约的色彩力量，无形中增加空间一种沉静的张力。木饰面的运用让空间回归自然，在空间体验感上做足了功夫。

以茶会友：在这里，中国文化不是某种符号，而是精神和意境、品格的高度融合。入住在此的人可以在这个开放的空间里欣赏中国传统文化所带来的感动，在这里仿佛连生命也会得到熏陶和洗涤。

047

软装陈设：浅麻色的布艺沙发披一巾深蓝长毯，构成如同素胚青花瓷一般的前景，古铜色的餐厅为背景，颜色深浅的前后搭配形成明显的空间层次感。而沙发的温软与墙面的阳刚相结合则体现刚柔相济的道家哲学。

◆餐厅空间◆主题：沉稳雅致

设计思考：餐厅设计层次鲜明、张弛有度。睿智的孔雀蓝扶手椅、黑色大理石抛光餐桌、古铜色布艺护墙板加上镜面效果的金属格栅，层层叠进；椅背上个水墨般深深浅浅的纹样正好与墙上水墨晕染的抽象丹青相呼应，形成回环之势。

设计思考：主卧文雅秀丽，雅致的花鸟工笔画墙布素雅而富有动感。古铜色的金属护墙板在现代化水晶灯的照射下流散着茶色的光彩，与卧室整体氛围相和谐。

回形格栅：以现代金属材质塑造而成的中式回形格栅护墙板，搭配简约时尚的水晶灯，既文雅又不失贵气。

◆儿童房◆主题：纯真童趣

设计思考：精巧的毛绒玩具、可爱的卡通挂画，儿童房迎合了孩子的兴趣，为孩子营造充满乐趣的童年。

次卧空间：素雅的亚麻色是营造清净氛围的佼佼者，装点古铜色金属元素能在柔和的气氛中多一份硬气，达到刚柔相济的和谐境界。

设计亮点

1. 设计师将自身对中国传统文化的理解通过设计表现出来，将设计的现代元素与中式传统元素巧妙结合，使新中式设计得到新的诠释。

2. 摩登时尚的金属元素在这中式空间中完美融合，不但不突兀，反而增加了设计的阳刚之气和时尚感，这正是新中式与时俱进的体现。

French Romance, Elegant Home

法式浪漫 雅致之家

设计定位

随着现代人对于住宅空间的需求的更新和发展，空间设计在追求个性、舒适的同时，还应体现出符合主人性格特点的小格调、小情绪。本案以白色作为空间主色调、湖蓝色为点缀，选用天然石材、镜面、木材等材料，融入欧洲古典纹样、木雕刻线条等元素，打造法式风格所特有的尊贵浪漫的艺术氛围。

设计师在空间的处理上，突破原有结构的限制，适当压缩厨卫空间，使得公共区域放大，分区更为明朗。音乐钢琴休闲区、主卫透明玻璃隔断等设计，体现出主人浪漫、雅致的生活品味。

户型简介

项目名称：南京紫金观邸样板房　　　　　项目地点：江苏南京

设计公司：伊派设计　　　　　　　　　　项目面积：110m²

设 计 师：段文娟、郑福明　　　　　　　主要材料：天然石材、镜面、木材等

设计思考： 客厅空间长条的沙发和单椅线条优美，天花上几何形状的装饰搭配熠熠生辉的吊灯，更显示出法式浪漫的精华。电视墙以花鸟元素的壁纸寓意富贵呈祥，东西相遇在此碰撞出文化的相容。

亭亭玉立： 茶几上的两株马蹄花盛开得亭亭玉立，白色的电视柜以金色线条收边，雕刻精致细腻，护墙板上的壁灯散发出犹如宫廷般的浪漫贵气。

◆餐厅空间◆主题：味蕾时光

蓝色浪漫：浅蓝色的沙发上搭配深蓝刺绣的抱枕，茶几上蓝色织物与之相呼应，蓝色窗帘垂直而下，优美的褶皱演绎出浪漫的法式风情。

设计思考：软包餐椅舒适有度，墙面挂镜装饰流光溢彩，倒映出空间一角的美好。蓝色插花凝聚就餐氛围，精致的餐具为生活增添一份浪漫的仪式感。

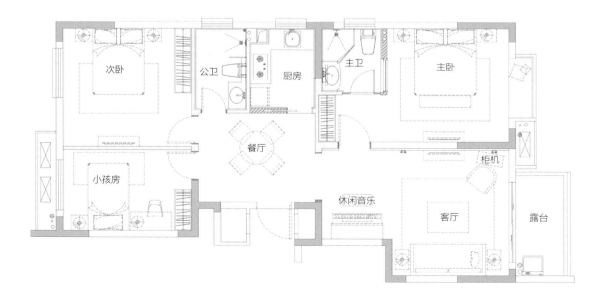

▶ **设 计 亮 点** ◀

1. 空间以法式风格为主，同时加入中式元素的点缀，让中西文化在空间中相遇，更体现其开放性和包容性。

2. 户型上的改造压缩厨卫空间，扩大公共领域面积使之满足业主的需求，人性化的设计让空间更加温馨和谐。

设计思考：主卧以深湖蓝和黄昏色的搭配显示主人的沉稳大气，床头背景墙以雀跃的花鸟壁纸装饰，泛发着珠光气息的挂饰与之贴切融合，让主卧室更显得雍容华贵，从容大方。

沉睡天明：缎面的床品亲肤舒适，亲切呵护睡眠。床头柜上明黄色的插花醒目亮眼，如清晨的一抹朝阳，给予空间清新的温度。

设计思考: 深蓝色的床品和黄色枕头、座椅、摆件极具视觉上的冲突，飞机模型的吊灯和 NBA 球星壁纸，显示出男孩的追梦的决心和乐于挑战的勇气。

设计思考： 卧室以金色为主显示出法式的华贵之感，床品、壁纸、地毯和吊灯在色彩上相呼应，电视柜和床头柜以细腻的金色镶嵌收边，打造出空间整体上的和谐与有序之感。

妙趣横生： 金色的床头软包光滑有质感，墙面深蓝色的装饰挂画远看犹如蝴蝶翅膀，虽静犹动，颇有趣味。镜面装饰给予空间更大的视觉效果，也增加了物品光影之间的冲突碰撞之美。

Original Simplicity

繁华加身，钟爱不加修饰的本真

设计定位

初心也好，匠心也罢，这些曾代表着去伪存真的精神，在这个急躁的年代，成了浮华的另一种装饰品，用以掩盖粗糙，用以忽悠情怀。跟风者言之凿凿、声泪俱下地渲染，却从未深入思考过其内涵。现代文明中的工匠精神，其难得之处并不在于技艺本身，而在拒绝媚俗，坚守自我的价值观。当你将初心作为媚俗的武器，便失去了初心。唯有真正通达世事的精英，方能克己，而后见本心。LSDCASA 在上海阳光城滨江悦 C 户型的设计中，深入思考了工匠式的守拙态度，还初心以初心，刨去肤浅的标签，给空间烙印一种本性至纯的生活气质。

户型简介

项目名称：上海阳光城滨江悦 C 户型

设计公司：LSDCASA

设计团队：LSDCASA 事业一部

项目地点：上海

项目面积：105m²

◆客厅空间◆主题：温暖坚定

设计思考： 客厅在色调控制上，以 BVLGARI 经典的宝石绿沙发为主色调，加入了纯铜的复古金属感和做旧橙色挂画。整体搭配上，有坚定的棱角，也有细腻的温度，柔和却有力。电视柜与茶几简明干脆的线条，交映着手工皮革沙发与地毯内敛的温度，光下的咖啡桌刀刻般的线条是一丝不苟的匠人精神。

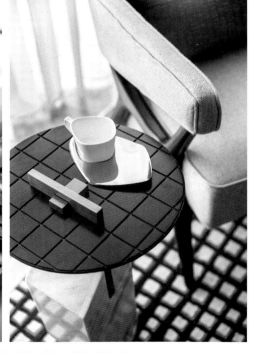

描绘空间： 我们试图用空间设计，临摹世界最初也是最美的样子。才会有纯铜手工打磨的茶几、原木温润质感和棋盘式线条切割分明的咖啡桌。

冲突美学： 宝石绿、做旧橘色为主色调，创造出空间丰盈的层次感，灰色墙面恰到好处地完成冷与暖的衔接。色彩的碰撞不仅仅是视觉艺术的呈现，更是设计师审美趣味的象征。

休憩一角： 靠近窗边的单椅沙发，灰色手工质感散发出温润的气质，金属细杆的落地灯营造出一个阅读场景，难得的闲适时光，静坐于此享受午后暖阳。

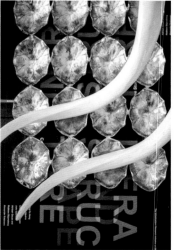

精致永恒： 电视柜、挂画线条明朗，金属色的收边，黄铜色质感的摆件，有序完美的陈列，唤醒了束缚的艺术奢华，倒映出空间装饰主义的精致永恒。

设计思考：餐厨呈开放形式，增加空间的动线的流畅度。长方形的吊灯与餐桌界限相契合，做旧的玻璃灯罩，古铜色的灯光，似岁月流逝的痕迹，复古中伴有从容的步调。皮革餐椅透露出高级定制之感，餐桌上的饮料汽水则描绘出生活中的烟火气息。

艺术生活： 水晶石打磨的几何摆件和球状黄铜配饰给餐厅增添了手工艺术感，仿佛生活和艺术的界限慢慢消融，生活的艺术，便是为了艺术地生活。

低调奢华： 象征珠宝切割与其所散发光晕的黑白抽象挂画，精致金属细节单椅和台灯，代表现代工艺技术的亚克力材质与温润的原木色毫无违和地相结合成为匠人的工作台，继承 BVLGARI 从原始当中发掘奢华的本质，独特细腻又富有低调的奢华。

◆ 客房空间◆ 主题：文雅静谧

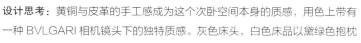

设计思考： 黄铜与皮革的手工感成为这个次卧空间本身的质感，用色上带有一种 BVLGARI 相机镜头下的独特质感。灰色床头，白色床品以黛绿色抱枕点缀活跃，平衡空间色彩动静之间的联系。织物灰色床毯和家具棉量的图纹沿袭后文艺复兴时期特色，欧洲佛罗伦萨的几何风情若隐若现。

设计思考：主卧色彩克制而不显突兀，以稳定的大地色系为主，宝石绿作为点缀呼应色彩。手工皮革床的哑光质感，朴质却不失贵重。高贵的纹饰图样由画师现场绘制，世间独一无二，纯铜的配饰也点缀出细节上的讲究。

工艺匠心：醒目的宝石绿花瓶高低不一，瓶面纹理做旧处理，淡淡幽香的花盛放其中，既具有实用性，又具有装饰性。床头柜面的原木叠纹犹如天地本然生就，不沾一点雕饰痕迹。

▼ 设 计 亮 点 ◢

1. 家具配饰选择独具慧眼，BVLGARI 宝石绿经典沙发和其他手工摆件让空间气质得以升华，打造出一种流连于奢华又不仅仅是奢华的贵气。

2. 色彩搭配手法醇熟，以沉稳的配色表现出空间的张力和复古感。宝石绿和做旧橙色，温润的原木色和商务咖啡色等恰到好处，成为空间不可或缺的一笔。

Maple · Scenery

枫·景

停车坐爱枫林晚，霜叶红于二月花。绚丽的晚霞和红艳的枫叶互相辉映，枫林的晚景着实太迷人，于是诗人不禁停车观赏，流连忘返，到了傍晚，仍舍不得登车离去，感叹深秋的枫叶竟比春天的红花鲜艳，更禁得住风霜考验。诗人杜牧所描绘的深秋美景，蕴含着东方文化的整体感与内敛的精髓。

本案正是以此诗句为灵感，设计中融入枫之妙景，追求简洁，整体布局注重平静与舒适感的营造，传达一种质朴且轻奢的现代生活态度。置身其间，足不出户，便可尽情品味秋之韵。

户型简介

项目名称：河北廊坊大爱城样板房
设计公司：北京根尚国际空间设计有限公司
设 计 师：薛博晗、吴霞等

项目地点：河北廊坊
项目面积：80m²

设计思考： 深情热烈的秋，必将在色彩与空间中起舞。以蓝灰、浅米、深咖色为主，以橙色为点缀，色彩丰富多变，营造秋的热情与活力。立面丝绵硬包柔化硬装的坚硬感，立面宝石裁切造型的镜子、顶面浅色艺术墙漆，利用通透的材质巧妙延展空间，秋翩翩伸展腰肢。

元素选择： 条状金箔贴皮工艺的桌面，利用简洁的线条与明暗两色，与地毯图案相呼应，凸显温馨与恬静感。

色彩运用： 洁白的餐桌，搭配橙色餐椅、橘红色捧心兰、黄色系吊灯，表现出秋之高洁与热烈。

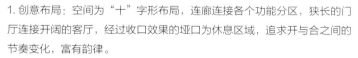

设计思考： 客、餐厅以连廊相区隔，餐厅、书房相连又区分，既保持独立又遥相呼应。圆形与曲线的运用，创造一种如秋般淡然、宽容的韵味，让食色也丰满。

空间利用： 在主餐厅之外，设置开放式早餐厅，充分发掘空间功能，满足现代生活对舒适的高度追求。

设计亮点

1. 创意布局：空间为"十"字形布局，连廊连接各个功能分区，狭长的门厅连接开阔的客厅，经过收口效果的垭口为休息区域，追求开与合之间的节奏变化，富有韵律。

2. 元素灵动：利落的斜纹图案，贯穿整体空间，加强空间的延展性。相同元素的交替使用，突显公共区域的凝聚力与聚合感。

◆书房空间◆主题：思秋

设计思考: 木质书桌与相框营造厚重成熟感，简约台灯、玻璃地球仪摆件、艳而不妖的盆栽，赋予空间空灵与活力感，和谐共融。

◆主卧空间◆主题：怀秋

设计思考：飘窗外的景致绿意怡人，窗内的空间休闲可心。采用灰色与米色为主配色，延伸休憩的宁静氛围；斜纹几何图案拼接与角状工艺摆件，更添空间的深沉、舒适与奢华。

The Bazaar
时尚芭莎

设计定位

忙碌碌，奔走在家与工作中的年轻一代，用奋进表达对生活新的期望、追求和祈愿。他们对设计的诉求，不再只是拘泥于过去所呈现的刻板的空间形象，而是更多时尚元素与生活方式的融合。设计师便从充满仪式感的室内设计里"出走"，用时尚 T 台的设计语言，华服靓妆，光影魅惑，构建最原始的理想国。

时装与色彩糅合的一角，塑造出摩登女郎的影像。设计领域本身具有的流动性，让"摩登"并不局限于工作性质的体现，而是与空间在流动中自然地重叠。"家"只有跳脱出仪式感，从"屋的堆积"中解放出来，才能实现在匆匆忙忙、走走停停旅行里"停"的意义。

优雅复古的小礼帽，可爱又俏皮。温暖的橘色灯光里，孕育着新一代的小小摩登女郎。人类最伟大的复制，不是繁衍，是传承。而时尚的魅力，也可以在设计里传承，生生不息。

户型简介

项目名称：深圳牧云溪谷 2 期 5 栋样板间
室内设计：深圳市盘石室内设计有限公司 & 吴文粒设计事务所
陈设设计：深圳市蒲草陈设艺术设计有限公司

设计师：吴文粒
项目设计：陆伟英、陈东成
软装设计：柯琼琼、刘婷婷

项目地点：深圳
项目面积：115m²
摄影师：张静

设计思考： 时尚的第一要素，是色彩。清新冷冽的蒂芙尼蓝，热情高贵的爱马仕橙，沉着优雅的湛蓝，色彩跳跃间，是时尚人生的态度，是品味生活的追求。纹理交织处，是千丝万缕数不清道不明的牵挂。

▰ 设计亮点 ◢

1. 时尚与色彩的无缝对接，塑造都市华居。
2. 巧用主题元素，女郎的形象呼之欲出。

设计思考：凝视、沉思、顿悟，是驻足，是思考，是用真诚的感悟引领下一段行程的路标。每一幅摩登女郎的掠影，都是一种生活状态的描绘。考究的着装与妆容，是平昔精致生活的缩影。

设计思考：平庸的设计，就是要去实现生活与空间对话的无限可能，温馨的黄色给空间注入更多时尚。

清爽舒适
简约型

A Clear Modern Fashion Residence

清透现代的时尚之居

设计定位

本案的主要客户群体是 80 后，他们成熟又不失时尚，年轻又善于接纳新鲜事物。这部分年轻人的生活态度均希望在繁喧的世界寻找自己舒适的居所，在繁华的都市中体验生活的宁静与美好。

项目空间上运用大面积木饰面结合部分烤漆材料，舒适而透亮，极力打造可多样使用的生活居住空间。极富设计感的家具搭配肌理装饰，精彩而不失细节。在空间设计上以明静轻透的白色调为基底，运用开放性设计，令空间感受更加开阔。生活与时尚相伴相生，在干净的空间中使用色彩作画，体现出居所主人的职业及爱好，也使空间情景更为完整。

户型简介

项目名称：昆明东盟森林 A1 户型示范单位　　　　项目面积：80m²
设计公司：5+2 设计（柏舍励创专属机构）　　　　主要材料：木饰面、大理石、布艺等
项目地点：云南昆明

设计思考：生活就是要选择自己喜欢的一方之地，陪伴家人一起优雅老去。客厅以灰色、白色为主，简约舒适，契合都市年轻人年轻时尚的品位，在删繁就简中体验最本真的生活方式。

灵动空间：餐客厅以狭长的格局呈现，统一的木质墙面与沙发灰色墙面形成对比，几何图形的拼接抱枕，橙色醒目抓眼，亦如夜空中最亮眼的星。

简约美学：木饰面搭配水泥色的墙身，给人整洁干净的视觉效果，层次丰富的挂饰成为空间中的点睛之笔。沙发单椅、黑色茶几和创意台灯，简单的饰品却装饰出空间的独特之感。

◆ 书房空间 ◆ 主题：律动音符

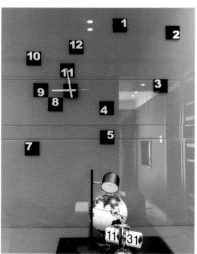

创意挂钟：墙面挂钟以其独特的组合打破以往时钟固有的规整排序，创新之处带给书房年轻的时尚之感。

设计思考：书房毗邻主卧，以线条精炼的家具搭配跳跃的橙色钢琴漆做点缀，给空间更多年轻蓬勃的朝气，同时又具有韵律的生动感。

设计思考： 主卧房间与公领域元素相呼应，木饰面的墙体延续了餐客厅的风貌，米白的床品配有灰色织物，黑白橙色的枕头和客厅沙发抱枕形成空间上的呼应与联系，衣帽间呈开放式设计，透明玻璃代替实质柜门，增加了空间的通透感。

心灵之光： 夜晚城市褪去白天的喧闹和繁华，静卧在此，点上一盏台灯，照亮心灵的归路。

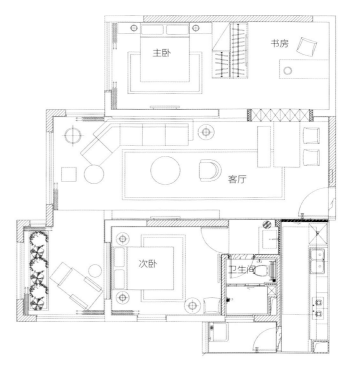

设计亮点

1. 设计师利用跳跃的线条和明丽的橘色极力打造出年轻时尚的都市之感。

2. 家具的选择上突出年轻都市群体的特征，例如弧形沙发线条、创意设计的时钟和台灯，都体现出设计师的匠心。

Fast And Furious

速度与激情

设计定位

年轻一代在快节奏的生活里，用各种引领潮流的元素去释放生活的张力。岁月沉淀才能造就的渴望安宁平和的心态，还有些久远。

漂移，加速度，在这个快速转换的时代里活出自我，才符合当下对于生活追求的新定义。流畅的弧线形，酷炫的金属感，醒目的大红色，视觉感官的第一印象是热情与活力。

我们从简约生活步入奢华生活，中间还有一个不可或缺的环节——品质生活。如同在驾驶各种定义为奢华、尊享的跑车里的体验感一样，性能与质感才是最终诉求。年轻一代是品质生活极具重要性的开拓群体，他们对设计提出了更多新颖且富有创意的想法。也正是这些新的想法促使设计的方向和细节有了千变万化的趋势。

户型简介

项目名称：深圳牧云溪谷 4 期 7 栋样板间　　　设 计 师：吴文粒　　　项目地点：深圳

室内设计：深圳市盘石室内设计有限公司 & 吴文粒设计事务所　　　项目设计：陆伟英、陈东成　　　项目面积：115m²

陈设设计：深圳市蒲草陈设艺术设计有限公司　　　参与设计：柯琼琼、罗楚希、吴高翔、林湛　　　摄 影 师：形界空间摄影

设计思考：精雕油泥塑型，硅胶建模，树脂浇灌，原子灰打磨……一系列似乎与室内设计毫无瓜葛的复杂精湛的工艺，都可以概念化的呈现在我们的设计中。

设计思考： 平面挂画制作工艺上新的尝试，墙面造型和家具造型考究的制作，都在立体地塑造科技感和动感。仿佛人可以随着空间，感受到紧张与激动。

▼设计亮点◢

1. 利用色彩的感官印象，打造个性时尚的独特家居。

2. 突出造型主题，在流动的线性规划下，激情炫酷。

3. 简约前卫的家具造型，突出年轻人专属热爱的潮流感。

◆ **主卧空间** ◆ **主题：光影的律动**

设计思考：流转的弧线形赋予空间更多的塑造力，灵活一转，将墙体顺延到卧床；平面挂画不再是空间里沉默不语的装饰品，而是承载了更多呼应色彩、辅助光影效果的点睛作用。

◆ **卫浴空间** ◆ **主题：概念灵感**

设计思考：来源于汽车制造概念的的灵感，融入工业文化里的设计美感，把实物延伸到平面，同时让平面从一成不变的静默中跳脱并"发声"。

设计思考：酷炫的赛车服，精致的赛车模型，我们也在对细节的关注和追求里体现高质生活。从生存迈入生活，再到高质生活，不仅是现代人的物质追求，更是现代人的精神需要。生活重心由"量"向"质"的转变，表现了人们对生活的更高追求。高质生活也是一种回归，回归家居，回归设计，回归内心深处的追求。

设计思考：用更多的镂空元素融合金属质感取代传统笨重的形式表达法，用活泼的动漫形象搭配跳跃的色彩。我们是要用新时代的产物，去塑造新的生活理念的表达。

A Jumping Modern Mini Loft

跳脱的现代迷你 loft 间

设计定位

这套 29m² 的上海老房子，是设计师一个朋友的。一次小聚，朋友给他看了这套的空间图，成功勾起了本案设计师的设计欲望。其一，设计师对空间结构非常敏感；其二，他对老建筑又有种莫名的情怀在里面。在跨界做摄影的这 11 年里，设计师把上海主城区跑了个遍，弄堂、老房子、地标建筑，城市变迁的景象等等都活跃在他的视角和情感里。

这个房子是一个直角梯形的结构，最高点达到了 6 米多，低的部位也有 3 米多，用槽钢做了跃层分隔，就成了现代轻 Loft，变成了两室一厅一厨两卫。一层是次卫，敞开式厨房，餐厅和客厅，二层是主卧室、次卧室、主卫和一个储藏间。

户型简介

项目名称：重构 29m²
设 计 师：金选民
项目地点：上海

项目面积：29m²
主要材料：槽钢、老地板、老木头等
摄 影 师：金选民

设计思考： 在设计过程中，保留了一些历史痕迹，沙发背景墙原有的灰色墙砖、原有老地板和老木头，包括在上海拆迁现场找到的老木板都一一利用在里面。因整体空间面积偏小，为避免入户即看见整个内景，保留些许神秘感，在入户门的位置做了一个储物柜充当墙面作用，背面则做成电视背景墙。沙发背景墙用几何块面和层板结合增加空间的变化感，享受线条与块面交错流动的节奏感。

物尽其用：楼梯的老木板一直穿插到入户门的鞋柜下面，这个块面给人很强的视觉冲击，木板可以利用成小书桌、置物板。楼梯间黑白经典配色让空间有良好的景深同时更敞亮。

设计思考： 运用不同于客厅的瓷砖铺设厨房地板，并以台阶的形式强调厨房的空间区域，配色以黑白为主，整体干净整洁。设置开放式的厨房给有限的空间尽可能多的空间感，配备齐整的电器家具之后增加一点镜面元素，让视线得以延伸。

设计亮点

1. 以空间布局的设计为主，这套空间采用几何构成穿插的手法，体现和提升建筑的层次感，空间构成的变幻使得小空间完全没有压抑的感觉。

2. 注重建筑构成，块面与块面的结合，加强层次感，小空间大感觉。

3. 色彩方面，主要用黑、白、灰为主，并用一些黄色、姜黄色进行点缀，设计师从自己的画廊挑选了几幅装饰画进行搭配，提高空间的艺术性。

◆主卧空间 ◆主题：小巧玲珑

设计思考：整体主要使用了筒灯，在床头柜和镂空的地方用了水泥灰砖墙面做装饰。这套 loft 整体空间块面感较好，没有压抑感，开放、富有变幻，所有能用到的自然光也能得到全部利用。

Golden Years

岁月流金

设计定位

本案以精致的典型现代格调呈现，在设计上追求空间的可变性与层次感，以量身定做的板式家具为主，适合为当下的刚需小户型度身定制。在空间分配上，增加空间的利用率，使之最大化是设计的重点。案例中的灯光布置非常充足，弥补了自然采光的不足。案例的色彩可以先声夺人，客厅空间的配色时尚内敛、餐厅静谧和谐，当你步入主卧时亮眼的活泼明艳，层层深入的色彩相当跳脱。

在寻找工作与生活的平衡点时，人人都陷入深思，家的设计不在多么独树一帜，只有适合的才是最好的。

户型简介

项目名称：康桥地产·知园 示范单位

设计公司：硕瀚创研

主持设计师：杨铭斌

项目地址：河南郑州

项目面积：98m²

主要材料：木饰面、墙布、工艺瓷砖、涂料等

摄 影 师：欧阳云

设计思考：明黄色是热烈气氛的好帮手。简洁明了的空间线条配置一盏线条曲折的折叠落地灯，增加了空间的张力，高低不一的圆桌形成了一定的韵律，使得空间里静中有动。

空间设计：房间进门就是餐厅与客厅的过渡空间，设计师希望玄关的功能能够并存在这个空间，所以把进门口右手边厨房的那面墙置换成能够放置出门物品的储物高柜。

◤
设
计
亮
点
◣

1. 设计配色运用了时尚的黑、白、黄经典撞色，整体线条干净利落又富有变化。与客厅相比，卧室配色显得暗潮汹涌，热情明媚。

2. 室内多采用低调质朴的布艺家具，在激情四射的黄、橙色中起到调和作用。

◆餐厅空间◆主题：清新格调

设计思考：餐厅以白色的桌椅回应纯白的背景墙，重影叠嶂的灯光给空间富有变化的律动感。

◆**次卧空间**◆**主题：简约素雅**

设计思考：白净的空间主调配上灰色的布艺，给人素雅的宁静感。壁柜是次卧的一大亮点，既节省空间又增强了储物能力，下层的储物柜丰富了空间的线条。

◆**儿童房**◆**主题：初升的太阳**

设计思考：清晨的阳光最是暖心。孩子单纯明媚的笑声是成人世界的清流，明朗的咯咯笑声只要听见，仿佛就能带你回到童年。

设计思考：生活的乐趣在于你对生活的热情。对生活充满期待，每天都可以朝气蓬勃。热情的黄色与尚古的橙色，每天清晨给你来一剂青春。

多一点颜色：生活本没有悲与喜，重在你看待事物的心态。平静中有波澜，冲动里有理性，多一点颜色，让生活多彩，让生命多姿。

床头案边：丝绸质感的床品温柔细腻，窝在自己的温柔乡，挑灯翻两张读物，过去的都是浮尘。

A Wandering Poet In Business Suit

穿正装的流浪诗人

设计定位

世界远行又靠近，路上走走停停。远方回来心里见，他把回忆和年轻装进行囊里。本案以一个期待流浪，不断行走，寻找诗和远方的年轻有为青年为原型，打造一处家的栖居地。

他梦想着，在托斯卡纳的艳阳下，看路与风舞的苇草；在圣马力诺城堡外的彩虹里，观时光冲撞四季；骑行在大理洱海旁，赏日出日落、云卷云舒；其实一切的寻找，都在寻找欢喜。

户型简介

项目名称：保利·红叶谷样板间 A 户型
设计公司：成象设计
软装公司：成象设计

项目地点：山东威海
主要材料：大木地板、护墙板、镜面、布艺等

设计思考：在晨昏中等待，为相伴而终老，逆光与否，都要拥抱阳光。岁月带来皱纹，却带不走心中洒脱的风马少年。路上的每一步都融在每一个平常的日子里，旅行是生活的解药，家是行走的归宿。

饰品摆件：让在各地收藏来的小物件担当空间里的主角，或背景挂画、或摆件、或饰品等，让它们混搭在一起，浑然一体又处处值得玩味。

空间平衡：创意感的枝形吊灯弥补了视线上的空白，营造别种风情。

收纳展示：实用的柜体设计，是小户型家居必备的收纳神器。简约的白与蓝，是天空的颜色。此处设计既巧妙地满足了空间的功能需求，又很好地兼备了审美功能。

乐享生活：放下繁冗，充实精致自由的生活态度，几杯清茶，几束鲜花，让每个细节都别致起来，带着生活的乐趣。

▶ **设计亮点** ◀

1. 强调年轻感：进入空间的第一步犹如青春被激活一样，绿色与蓝色互相交织，演绎着生命的朝气。

2. 强调空间的温度：将旅行路上的每一个小物件，细心收藏，置于空间某个位置，带着时光的温度，沁人心脾。

◆餐厅空间◆主题：阳光美食

设计思考： 年轻的都市群体，有着对美食天然的无抵抗力。同时，作为优质的都市青年，对环境氛围的追求与营造同样重要。开放式的格局，与餐厅相邻，更活泼热烈。

细节丰富： 充满朝气的黄色向日葵，给每天的生活带来一缕阳光。钻石似的灯光打开生活的脉络，家的味道和思绪一起飘摇。

镜面元素： 采用光亮的镜面元素，可以打破空间的格局限制，拉伸空间的视觉感。而且，所构成的垂直线条，简约大方，适合都市人群的审美追求。

◆廊道空间◆主题：家的温度

设计思考：简单又有新意的小角落，是生活中光鲜的兴奋点，是温情的小片段。大大的 HOME 字样，鲜活的小饰品点缀，传达着主人对家的依恋与珍爱。房子不仅是一个栖息之所，更应该是我们爱的发源地。

◆主卧空间◆主题：低调随心

设计思考：浅咖色的温润给卧室带来安宁感，低调随性。我们期望的生活本应该是在平淡中寻找趣味，再将这些小小的趣味感知积累，变成大大的幸福。

色彩的呼应：矮柜的色彩与窗帘床品相呼应，搭配得恰到好处。

◆客房空间◆主题：简约舒适

设计思考：整个房间的设计简单清新，没有多留一丝杂物。柔和的白色纱幔，为空间增添些许温情。百搭的深蓝色，有着宽广的胸怀。客人到访，宾至如归。

点睛之笔：小时钟的摆放细致而周全，加上 HOME 字样的画框，似乎传达出设计师的用心。

◆儿童房◆主题：自由成长

设计思考：童趣是这个星球上最美妙的事物之一，卸下黑白灰的盔甲，在自己的世界里扮演彼得·潘。如果你有一个梦，那么快快去浇灌。墙上以树为原型的壁橱，打造一处梦想集散地，仿佛寓意着儿童的成长历程，茁壮成长。

Gentlemanly Demeanor of Business Elite

商务精英的绅士风度

设计定位

现代快节奏生活的环境下，简约时尚的现代风格逐渐积累起了庞大的受众粉丝群，尤其是商务人士的家居设计，更是注重简约时尚与实用并行，要简约而不要空洞，成功的设计方案在实施减法的同时还要保有内涵。

本案设计简洁利落，以舒阔的蓝、白配色为主调，饰以硬朗的金属元素，恰到好处地表现出居住者的理性与睿智。空间中各色的现代挂画和艺术品摆件增加了室内的设计感和艺术品味，尽显绅士风度。

户型简介

项目名称：静安府 T2
设计公司：壹舍设计
设 计 师：方磊
参与设计：马永刚

项目地点：上海
项目面积：115m²
主要材料：拉丝不锈钢镀钛、木地板、木皮染色饰面、石材、皮革等

设计思考： 开放对称的素雅客厅空间借由艺术特质，有着一气呵成的轻奢气派。石材、布艺及金属等多样的材质运用，使得空间灵动而不失活泼。

家具摆件： 以白色皮质扶手配以蓝色绒面椅座的单人沙发既简洁时尚，又能与蓝黄相间的曲线纹路的地毯相衬。黑色大理石面的茶几上摆放着木原色托盘，盛着绿植的金属质感的花盆与杯具活泼了整个角落。

◆餐厅空间◆主题：艺术光影

设计思考：餐厅空间以白色为主，富有文化底蕴磨砂材质地砖与细腻规律的几何纹壁纸构成对比，光影透过半透明的玻璃晕染出多重层次变化，给人带来意境之美。

饰品摆件：开放式的餐厅承继了客厅的金属元素，风格一致。金色的吊灯打下暖黄的灯光，就餐时间定是温馨可人。充满艺术气息的挂画提升了整个空间的品位。

◆客房空间◆主题：次卧空间

设计思考：房间整体简约优雅，简洁的飘窗设计给卧室增加了许多怡然自得的舒适感，窗外生机盎然的景致更是让人心旷神怡。色彩跳跃的挂画形成视觉冲突，是视线的聚焦点。

◆主卧空间◆主题：温馨沉着

设计思考：利落的背景墙线条和柔软的床上布艺形成反差，枝丫状的吊灯给空间稳中求变的灵巧欢愉之感，卧室在自然光的照射和灯光的陪衬下彰显端庄大气。随之融入凸显个性的元素，达成属于个人标签的私密空间。

◆次卧空间◆主题：商务简约

设计思考：蓝、白色为主的空间明朗开阔，以温暖的橙色与商务的深蓝作搭配，使人眼前一亮，同时又与木质地板的原木色相协调。空间布局以实用为主，干净利落。

▌设 计 亮 点 ◢

1. 用混搭、冲突等美学手法开发空间的可能性，以表象和内在的矛盾统一来表现设计的本质。
2. 个性化设计：不同的空间根据用户的个性差异设计不同的风格，尽可能给居住者最舒适的体验。

Interpreting Luxury, Touching Elegance

解语名奢，撩动优雅

设
计
定
位

本案的设计灵感来源于圣罗兰先生，欲以空间的设计阐释圣罗兰时尚的真谛，展现一种远离世俗的优雅与高姿态。

圣罗兰先生曾说："线条之优雅首先取决于其机构的纯洁和精致。"

他设计的作品线条与色彩完美搭配，奢华与朴素交融得体，引领时尚，从未媚俗，令世人惊艳，也让设计者在其中恣意燃烧个人主义灵魂，充盈魅力。本案致敬圣罗兰先生的时尚创造，亦希望以此创造时尚。

户
型
简
介

项目名称：深圳前海东岸花园 YSL 精品主题风样板房	项目面积：77.5m²
设计公司：DHA 香港洪德成设计有限公司	主要材料：微晶砖、爵士白大理石、黑郁金香大理石、背绒布等
设 计 师：洪德成设计团队	摄 影 师：王辉
项目地点：广东深圳	

设计思考： 时尚奢华的金色布艺与镶边，配以简约却不落俗套的沙发与长桌，以及嵌入墙体的电视机，合着爵士白大理石，一件件似在悠然讲诉故事的缘起。

色彩搭配： 黑白金棕四色浑然一体，大气稳重中带有时尚洒脱感，让人一见倾心。尤其是赋予空间精致、优雅、超凡脱俗之感的金色，带来高于生活的艺术气质，更使整体丰富讲究，恰到好处。

材质选择：空间看似华丽浓烈，实则一如圣罗兰先生的孤傲不驯以及其作品的毫无媚态，材质以硬挺金属、厚重木料为主，钛金铂与意大利进口皮，刷钢琴漆，配金色滚边，共显冷峭光华，绚丽且自在。

▶ 设计亮点 ◀

1. 彰显主题风格：深究圣罗兰先生以及 YSL 品牌的本质，在配色、材质、软装的选择上都突出极具时尚魅力的奢华与低调。

2. 强调整体功能：有主有次，方块设计图形的优雅要领，紧密有致的收纳空间，既华且实，尽显舒适。

设计思考：用餐，毫无疑问也是一番优雅的享受。开放式的"L"形与"T"形相结合的餐厅，浑然天成的色彩相衬，反光的柜面映照客、餐厅，营造进食时的开放视野与演绎进食的优美姿态。

线条要领：吊灯、座椅、杯盏、花瓶，流畅的线条与色彩相互独立又彼此依靠，突出线性的优雅。置身于餐厅，犹如遨游于随性的美好场所。

◆收纳空间◆主题：收放自如

设计思考：开放的收纳空间，充分释放空间功能，一可摆放所藏饰物，二可归类闲置物品或衣物，三可将翻板床摆正而卧之。尤其是隐藏的翻板床，实乃一惊喜设计。

◆主卧空间◆主题：静谧舒适

创意搭配：竖条柜面、方形相框、方形灯罩、金色光彩、橘黄灯光，为居者打造舒心的时尚住所。

氛围营造：用厚木将主次两卧区分开，用透光镶金边的玻璃门隔开衣物间，选用深色系的方块作为装饰墙，留给卧室一份静谧的气息。

设计思考：深浅色相间的地毯，高品质的床品，方形线条的床头柜，对称的台灯以及高抬的床面，一丝丝贵气在空气中流动，让卧室也不失名流优雅感。

纱窗飘逸：利用轻柔的纱窗，隔离室外强烈光线，同时规避室内光线过暗。加之室内华美气质，纵然"梦觉纱窗晓"，亦可美眠也。

工艺饰品：流线形的金、白两色工艺品摆件，表现出灵动性，增添空间灵性。

Modern & Elegant

演绎摩登 优雅格调

Shine 在纽约这个时尚前卫的都市中，具有独特的美感和魔法师般戏剧化的设计理念，外表硬朗严谨，内心柔软追求舒适，对时尚和风格的解读也是自成一派。

因此本案公寓的设计风格是提取 Shine 作为一个品牌服装创意总监的人物定位去思考设计，根据公寓本身的建筑形式，创造了一个充满摩登而又硬朗的室内生活空间。Loft 复式公寓以上下两层形式将公共领域和私人领域有效隔离，既能保证公领域面积得到充分利用，也能充分保证私领域的私密性和完整性。

项目名称：红星地产大都汇项目 B 户型示范单位
设计公司：DAS 大森设计
项目地点：福建福州

项目面积：83m²
摄 影 师：lephoto™ 建筑室内摄影

设计思考：一层空间以会客社交为主，空间采用金色，精致时尚，明黄色大胆跳色，点缀以不同的图案和肌理，墙体的造型设计线条感十足，带着现代时尚气息，塑造空间情境上的转化，彰显出主人的考究格调。

活跃空间：整个一楼空间都以黄色为空间的点缀色，起到活跃空间的作用，显示出都市青年领袖的时尚气息。

时尚质感：明黄色的单椅靠窗有着独立的空间，金属色材质的咖啡桌与单椅和谐搭配，透露着十足的现代精英气息。

端景一角：以金属收边的斗柜上微微倾斜放置着两幅挂画，为单调的墙面增添了艺术性的装饰。

◆餐厅空间◆主题：挑动味蕾

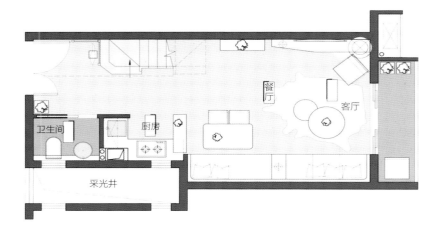

设计思考：客厅连接着餐厅，延续着空间的一体性，让空间形成有趣的互动关系。一边是以沙发为餐椅，另一边是造型感十足的单椅，从而大大提升了空间的利用率。精致的餐具和清香扑鼻的鲜花，给予味蕾最大的挑动。

设计思考：本案是 loft 复式公寓，因此楼梯是连接上下空间的重要部分。本案楼梯一侧内嵌入墙，一侧以金属拉线固定，创造出楼道空间的通透美感。

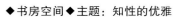

设计思考：二层属于主人私密的空间，书房的整体空间以咖色与灰色为主要色调，艺术画、雕塑到饰品结合着材质的质感呈现变化绽放出空间优雅的气质。

设计思考：主卧配色透露出一种随性时尚的商务范，咖啡色的床头背景墙上金属挂饰灵动飘逸，灰色为主的床品尽享商务范。虽然二楼层高有限，但在黄色的点缀下扫去了层高局限带来的压抑感。

西装革履：黑框的灰色挂画，画中商务精英男士西装革履，与SHINE一样都象征着都市的精英领袖身份，无形中契合了空间的表达诉求。

演绎高级配色：高级灰和黑色是塑造成功男士形象所喜爱的色彩，而加入明黄色的点缀，瞬间活跃了整个空间氛围。

设计亮点

1. 公寓的面积只有 83 平方米，但设计师巧妙地安排不同功能区域，使空间显得宽敞舒适。

2. 亮黄色和高级灰的碰撞给予空间更多摩登时尚之感，让都市现代居住者的轮廓更加清晰。

Silent Film

默 · 片

设计定位

不管你去过哪里，都有一些东西，你想带回家，或是记忆，或是美好的心情。不管你在哪里，这里都有一些东西让你归来，那是满足也是幸福！这里没有固定的风格，只是用心去诠释一种生活理念。

本案设计简约又温暖，大量的木质材料给简洁轻盈的空间增加了几分沉稳安定，整体营造了安静祥和的气氛，有一种安静却又积极向上的感觉！也许最美好的时刻，莫过于坐在一起享受这安宁，陶醉于美好的回忆，不乏味的搭配刚刚好。

户型简介

项目名称：武汉 · 国际 · 百纳　　　　　　　主要材料：乳胶漆、板材、铁艺、布艺等

设计公司：武汉美宅美生设计　　　　　　　摄 影 师：陈铭

项目地点：湖北武汉

◆客厅空间 ◆主题：返璞归真

设计思考： 家是港湾，是充电站。退去一身的疲倦、摘下各色面具，舒服地窝在沙发里，简简单单回到最初的本真模样。

◆玄关空间◆主题：木质怀旧

秩序井然：玄关白色为顶，搭配竖状宽条纹，使得空间感向上拉伸，深棕色几何花纹的地瓷砖是视线的焦点，同时又充当空间划分的作用，繁简结合的搭配给空间视觉平衡，给人脚踏实地的安稳感受。

◆早餐区◆主题：简易便捷

设计思考：根据需求，以吧台形式设计了一个与客厅相连的早餐区，有意设计的灰砖墙面赋予空间一种复古的文艺气息。午后焗一壶清茶、晚间酌一杯红酒，这生活的闲适安稳也不过如此，追求本真就是要放下繁琐。

个性简约：一眼看去，空间几何线型的设计灵动有趣，给人轻松愉悦的感受。造型独特的高脚凳给简约的空间
增加了干练精明的气质。

◆厨房空间◆主题：享受烹饪

设计思考：注重空间的整体性。厨房主要为两大色块，
纯白的橱柜、冰箱，与地板相一致的墙面，短促可爱的
黑色线条游跃其中，将厨房收拾得非常齐整舒适。

设计亮点

1. 空间简约而不空洞，纯净洁白的主色调搭配灰色营
造大方时尚感，以原木材质和色彩相衬，清高里多了
许多暖心的温度。

2. 设计强调简易实用，家具陈设不冗余。沉默不是无
话可说，简单不代表乏味。

设计思考： 一个储物柜充当吧台，以划分客厅与餐厅空间。餐厅增加更多温暖的原木色，为用餐时分增加温馨感。
餐桌前聊聊一天的见闻，其乐融融。

◆主卧空间◆主题：清心冥想

设计思考：主卧用色非常大胆，整体灰色调给人沉着大方之感。在素净的空间里抛开一切静心养身，缓解今天的压力、焦虑，迎接明天的挑战。

◆阳台空间◆主题：安稳质朴

设计思考：捧一本书，与清风相伴，看人生百态，去吾心之混沌。

◆卫浴空间◆主题：邻家女孩

温婉小浪漫：墙上碎花瓷砖活泼了洁白纯净的空间，与几何拼接图案的地瓷砖相照应。

Modern And Unrestrained, Charming And Neutral

现代不羁，迷人中性

设 计 定 位

达·芬奇曾说："简单是终极的复杂。"看似空荡，实则已反复锤炼、推敲，将设计的思考融入每处细节和每个角落。

本案设计师深谙和践行达·芬奇的这句话，在现代风格的情感中梳

理、表达简洁，尽量自然而流畅，意图表现年轻化、国际化、突破传统的特色，慰藉具有不落窠臼的审美体验，以及朝气大胆的行事风格的年轻一代的内心所求。置身中性的不羁中，徜徉在年轻人的风尚里。

户 型 简 介

项目名称：华润中央公园·紫云府 A4 样板间
设计公司：成都开戊空间设计
设 计 师：欧阳金桥
项目地点：四川绵阳

项目面积：116m²
主要材料：古堡灰大理石、爵士白大理石、博腾木饰面、富森地板等
摄 影 师：窦强

◆客厅空间◆主题：利落格调

设计思考：深灰与浅灰从不同明度上进行交织，让空间在纵向维度上形成视觉深度。同时细致处理层次与进退的关系，强化空间的丰富性，传递出一种犹如磁场般的中性气势。

年轻活跃：现代化的舒适家居，不拘泥于传统的线条与风格，在新潮中跳跃出个体的独特魄力。矮平化的沙发更符合空间的经度特点，也更贴近居者的体验倾向。

设计思考： 枝形吊灯与弧形餐椅遥相呼应，使空间丰盈起来。格局呈敞开式，本色的花艺烘托质感上乘的餐具，用餐环境也变得开放而婉转，食味回味无穷。抽象的背景，光亮的杯、勺，灰白调似乎能吃出品位。再简单的食物，在秀色可餐的家里桌前，都是珍馐，都是美馔。

◆书房空间◆主题：意蕴千秋

设计思考：用书架巧妙地分割藏书室与书房，而且这种分割隔而未隔，既保持空间的隐私，又能显出其优化户型的妙
处，照顾视野感官。一方地毯，衬出空间的对称美，也如同笔下的墨迹，绘出精彩。

◆卫浴空间◆主题：灵巧通透

设计思考：选择圆镜，打破空间过硬的条条框框，照出卧室一角，与爵士白大理石相融，再配上素净花朵，给予空间一点温和圆润，
增加空间生机与温度。

◆廊道空间◆主题：简洁洗练

设计思考：为过道两边的门框做了2公分的木作细条包边，并将木作的门框套直接结合顶面，细节处理细腻，使得整个空间更加简练。

1. 色彩驾驭：在灰色调中，将重点区域的色度饱和化，辅以亚光材料，营造空间的欢快节奏与优雅韵律。
2. 区域延伸：大面积的白色墙纸，灰、白两色大理石石材，以及白色橡木墙板、同色系地毯，设计师利用材料，让整体性的空间感受在各个功能区得到有机的延伸。

◆儿童房◆主题：幸福童年

设计思考：明媚的光影在光阴里流淌，简约线条的图画在日子里奔放，少儿期盼来日，快乐地走向充满希望的未来。

◆主卧空间◆主题：风度冷静

设计思考：卧室和书房没有明显的隔断，形成通透而开放的空间结构，符合现代年轻人的个性。白色橡木墙板延续整个空间的颜色与材质，装扮柔和静谧的睡眠区间。

简约细作：巧设收纳区，干湿分明，玻璃门透亮，有很强的包容性。

Style3

朴素淡雅
文艺型

Maple Charm

枫雅韵致

设计定位

仰观天象，俯察地理；远取诸物，近取自身；在心浮于世，静谧难寻的时代，如何寻找一处安放心灵的归宿，值得很多人去思考。曾经人们热爱追逐繁复奢华的英法风格，在罗马柱大理石和繁复优美的弧线中定义自我阶层的标签，而现在越发在端庄隽秀的中式风格发现民族文化的

自信和心灵的归宿。

正如逸尚东方在成都锦城湖岸的设计，将现代中式清雅含蓄、幽静深远的意境，运用温润的色调、内敛的元素，表达出现代简约与古典韵味兼得的舒雅空间，让居住的文化直指人心，影响到我们的精神境界。

户型简介

项目名称：成都中洲锦城湖岸 A-1 样板间
设计公司：逸尚东方
软装设计：江磊、杨李浩

项目地点：四川成都
摄影师：张静

设计思考：客厅秀雅别致的杏红色地毯上，摆放着简约舒适的沙发，一对中式软塌与茶台景观相对而置，配合落地窗引入的和煦日光、意美如画作般的景致引入室内，焕发一室盎然生机。

设计思考：餐厅一组金色的圆形吊灯错落有致地垂悬于中空，如香炉紫烟氤氲升腾。金黄色的杏叶在此空间运用的甚是巧妙，杏叶的轮廓镶嵌在宝石蓝的地毯上尤为醒目，搭配浅色的餐桌及餐椅，倍显尊贵雅致。

设计思考：得山之骨，与山传神。书房空间用古人善用山水来表达心境的书房，宛若徐徐展开的水墨画卷，为房间注入宜人自得的自然文化气息。

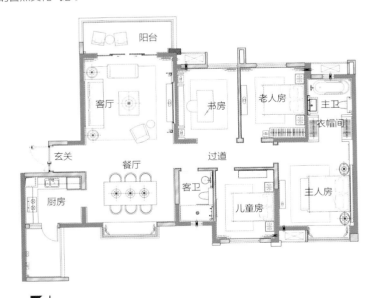

初心不改：身体和灵魂，总有一个在路上。无论何时人们都离不开书本对内心的滋养，如此便能不断沉淀在浮华世界的初心。

设计亮点

1. 以清新雅致的新中式风格，打造宜人的居住空间，整体配色和装饰都体现中式的端庄隽秀之美。

2. 以银杏叶之美和枫叶之雅作为空间的装饰点睛之笔，同时也与室内整体配色相契合。

设计思考：不是每一个儿童的空间都是色彩艳丽的表达，设计者想要传达的就是动与静的思考，更加成熟的室内陈设表现出回归初心的那一份简单的快乐。

温文尔雅：客卧以温文尔雅的色调在深浅之间互相配合，梅花孤傲自赏，搭配出空间的宁静与和谐，向外发散着整个卧室温馨的氛围。

设计思考： 主卧背景墙以中式格栅为线条元素，配合意境水墨画，现代风尚中流露几分逸气之神的含蓄之美。枫雅之叶的红色在空间中的运用恰到好处，妙趣横生。

Moments of Glad Grace

素年锦时

仁者乐山，智者乐水。泼墨山水意境带来的朦胧唯美之境，不仅是中国传统文人墨客所追求的艺术境界，也越来越被现代人运用到居室中。

吴门画派在绘画史上影响深远，形成清新素雅而又趋于平淡的艺术风格，充分凸显吴越之地"文人画"深厚的文化修养和独到的美学追求。

在现代纯粹的空间内，我们将古典造园艺术与现代设计的完美融合，并将吴越之地璀璨的东方文化和艺术精髓通过现代的设计手法呈现，缔造出高品位的人居环境。

户型简介

项目名称：苏州华润悦府样板间
设计公司：李益中空间设计
项目地点：江苏苏州

项目面积：115m²
主要材料：灰色大理石、浅色大理石、木地板、木饰面等

◆客厅空间◆主题：山水之意

设计思考： 在客厅陈设设计上，我们则利用不同灰度的棉麻布艺和皮革，再运用一系列写意山水做点缀，使得空间的材质丰富多彩，又不失东方的清新素雅。

泼墨浓彩： 空间整体以黑白灰的色彩基调为主，不同灰度的空间界面搭配黑钢线条的收边，简洁明快而又不失细节。

岁月静好： 几分浓墨重彩，几分儒雅清宁。在浮华乱世大行其道的今日，只求恬淡一生，诗意栖居，以书为伴，静默方闲。

◆ 餐厅空间 ◆ 主题：留白意象

设计思考： 餐厅大部分留白空间营造出清雅的就餐氛围，改良的明清家具圈椅散发出文雅的气息，形似灯笼的吊灯散发出悠悠灯光，端庄而雅致。

设计思考：主卧在色彩搭配上，我们采用了大量留白的形式，在整个色彩素净的空间内融入不同漆面的木色和水墨元素。

一抹朱砂红：整体雅致的客房点缀一抹热烈的朱红，丰富整个空间的色彩搭配，而且彰显鲜明的个性。

镜中花：拟古造园的艺术，化作现代居室中的情境点缀，泼墨山水，云竹造景，冬青插瓶，秋色连波寒烟翠。

◆女孩房◆主题：甜美公主梦

设计思考：马卡龙粉色系给女孩房打造一个梦幻公主城堡，呵护孩子每天的健康成长。

◆卫浴空间◆主题：水中月

设计思考：犹如一轮明月的化妆镜清透明晰，月圆的意境给予生活中更多美好的期盼。

设计亮点

1. 空间整体以大面积的米灰色地板，米色和白色乳胶漆为界面，点缀细黑钢线条体现空间的简约和利落，同时局部的木饰面运用，又给空间增添一丝温暖。

2. 以新中式的雅致风格演绎出空间的文人墨客般的趣味，山水之间尽得诗意。

◆客房空间◆主题：写意东方

设计思考：古雅的配色让卧室愈发宁静舒适，和谐一致的软装搭配带来视觉上的统一，床头墙面上挂置的东方简笔画，写意山水，意境深远。

◆男孩房◆主题：童年梦乡

设计思考：男孩房的布艺选择考究，以蓝色和紫色的床品和窗帘描绘出孩子活泼生机的美好童年，床头创意台灯似夜空中的明月，给予孩子更多童年的奇妙想象。

Flavor of Simplicity

简素之风

生活，其本质无关风格与审美；家，维持内心的宁静与平衡；装饰，灵活表达灵魂的诉求。本案中，设计师采用高级灰的渐变晕染，雕刻空间男性化的性格外在，宛如墨色，时而浓烈，时而清浅内敛、低调；同时运用中式的含蓄秀美、淡雅端庄、恬谧、娴静，仿佛淑女固有的美好品质，打扮出空间的婉约、娟秀、浑然大气、品位不俗的人文内涵，于形于神，都向东方式精神境界贴近。

户型简介

项目名称：阳明山水样板房
设 计 师：梁苏杭、李晴

项目地点：重庆
项目面积：95m²

设计思考：简化改良的黑木料明清式家具，结合高级灰在空间里的铺洒，配上米白、浅明黄、蓝色布艺，稳健中不失灵性，如一位儒雅之士款款而来。

层次丰富：蓝色手绘水纹与立面皮雕重庆山茶花相映衬，突出空间的素馨闲谧。扑闪双翅，意欲在广阔天地起舞的金色蝴蝶，更让家居层次迭起，瞬间充满生机。

婉转时尚： 新中式家具、装饰与植物点缀，透过视觉一角，于隐隐约约中，迎面扑来新时尚的清风。

中式元素： 枯枝悠然，二马伫立，茶壶茶香，不经意间走近中式文化底蕴，沉醉其中。

设计亮点

1. 通透开放：空间相互连贯，取"柳暗花明又一村"之意，于拐角瞥见另一空间的灵动，处处安放美。

2. 渗透经典：在现代家居中渗透中式传统元素，以简约内敛、精致古典的独特魅力，将经典融入生活，传递空间力量。

◆餐厅空间◆主题：内敛低调

设计思考： 以灰调地砖、冷灰色石材以及暖灰色的壁纸构建色彩基调，在白色的简单素净中，书写内敛而低调的意蕴与情怀。

饰品摆件： 考虑到重庆为山城，在玄关处设置摆件，将山城意境引入室内，富于想象。如风吹可拂的吊灯、颔首绽放的花艺，悄然展示
静谧禅意。

开放布局：客厅与餐厅相互贯穿，各功能区皆呈开放之势，辅之简约线条，放眼望去，一览小空间的大格局，宽敞明亮，强化空间的通透感与用餐的简素氛围。

◆卫浴空间◆主题：**极简古韵**

设计思考：巧用灯光，深沉的木饰、暖灰大理石的对纹拼接，让整个空间视感丰富起来，精致时尚而不失古韵。金合欢花的点缀，让空间再添生气。

设计思考：在敞开式的书房里，在沉稳的木作、写意的云水纹画作和现代简约灯饰的结合中，让人有种"云深不知处"的美妙感觉。

细节雅致：在寻常日子里，步入书房，立于这淡素、静雅的空间，细细观赏、使用精心陈设的摆件，感受一种高品位的生活态度。

写意笔墨： 文房四宝一应俱全，书柜、竹简古色古香，摊纸，挥毫泼墨，笔落如云烟，畅快，像极了有涵养的学者的灵感蓬发。回眸儿童房新意，心头又起思绪。

◆ 儿童房 ◆ 主题：童趣跳跃

设计思考： 弥漫个性之风的饰品，几何美感的"Z"字形座椅和金属铜灯，俏皮的设计元素在暖色壁纸中跳跃，释放儿童的活泼天性。

◆主卧空间◆主题：行云流水

设计思考：以真丝手绘山水画为背景，静谧悠然而生；点缀蓝、灰色调，简约灯饰与中式家具相结合，加之粗细各异的硬装，虚实兼顾，空间节奏得到寄予，如行云流水。

随性休憩：在阳台坐着，在红枫下，泡一壶热茶，品一册爱书，观过往的风，为山城的慢生活深深着迷。

Love Peas of Southland

红豆生南国

设计定位

五象湖 1 号位于南宁五象新区的核心居住区，毗邻五象湖公园，湖景楼盘。本案例为 80 平方米主力三房户型，户型端正，各功能区排布合理。色彩是人们对这套设计最先记住的东西：它没有太多绚丽的颜色，唯有"青"和"红"交织在房间的每个细节上出现，产生出独特的视觉效

果和当代的中国味道。

"素胚勾勒出青花，笔锋浓转淡，瓶身描绘的牡丹一如你初妆，冉冉檀香透过窗心事我了然，宣纸上走笔至此搁一半……"

户型简介

项目名称：宝能集团 五象湖 1 号 D 户型东方系列样板房
设计公司：深圳市万有引力室内设计有限公司
设 计 师：白丽雪
项目地点：广西南宁

项目面积：80m²
主要材料：清水玉石材、白玉石、山纹梨木木饰面（哑光）、烤漆板等
摄 影 师：江国增

设计思考："水本无华，相荡而生涟漪"。素雅的山纹梨木木饰面地板，横纹艺术大理石墙面，水墨风韵的丹青护墙板，
相生相配，使空间整体禅味缭绕，饰以幽蓝的抱枕、绣墩，点缀正红色托盘、插花，整体氛围优雅灵动。

丹点珠翠："林院生夜色，西廊上纱灯。"古色古香的落地灯给客厅增加了古典气质，悠悠提灯一盏，点亮客厅的温婉，
燃起柴火，缱绻温柔一乡。在外的纷繁劳碌，就让这悠悠兰香来洗涤。

◆餐厅空间◆主题：雪河清清水

设计思考："潦水尽而寒潭，清烟光凝而暮山紫"烟青色绒面餐椅、灰白的大理石餐桌，相配产生白沙流水的清雅感。愿与你携手登上滕王阁眺望暮卷山雨，感叹古今历史更迭，唯心底的一片赤诚，温暖这人生。

设计思考：家有小女，活泼可爱，最喜美丽芭比，换装打扮。日日呵护，视若珍宝，望她日后亭亭玉立，"巧笑倩兮，美目盼兮。"

设计思考：炊烟袅袅，深情款款，白穿珠帘绿相间。亮眼的正红扶椅似在唤你案前小坐，"笔底吞吐天下事，小屋笼尽济世心。"书桌正对开窗，抬起头便是灵感。

设计亮点

1.用色简单，不花哨，空间通过色彩搭配营造了浓浓的古典情怀。

2.家具以布艺为主，做工精细，各色配饰精致典雅，无声中提高了空间的质感，营造了含蓄而高贵典雅的空间气质。

◆主卧空间◆主题：端庄淑雅

设计思考： 主卧设计给人宁静祥和之感，悠然缥缈的深蓝色萦绕在素雅质朴的白色空间，之间的点点正红点亮了房间，温暖了徐徐
的凄美蓝烟。

Southeast Asian Flavor

南洋风情

设计师汲取东南亚暹罗文化风格，加入大量文艺元素，让装饰隐含的美好寓意完美展现。室内使用大量木饰面，局部以东南亚传统木雕做点缀。

室内以古雅的木色为主，局部点缀神秘的红色、蓝色和鲜活的黄色，手工织物和充满宗教色彩的摆件，以不同的形式为空间增添异域风光的特色。设计师醇熟地提取东南亚暹罗文化风格的精华内涵，将东南亚人民的传统文化与工艺品融入到家居中去，将舒适、柔软、细腻表现得淋漓尽致。

项目名称：昆明东盟森林 B2 户型示范单位
设计公司：5+2 设计（柏舍励创专属机构）

项目地点：云南昆明
项目面积：92m²

设计思考：在客厅的设计中，极简风格的泰式家具与装饰的挂画彰显出一种宁静与安详。泰式家具继承了传统的深色调，这种深色调在通透的阳光下拥有一种淡雅的魅力。

禅意横生：藤艺的座椅，别致的吊灯，富有质感的地毯共同构成了一股舒适感觉，穿流其间。桌上的坐佛，参悟人生之态顿时禅意横生。

◆客房空间◆主题：古色增香

◆制作室空间◆主题：阳光普照

设计思考：白色的床品上以明黄色的织物加以点缀，枕头上富有热带风情的植物充满向上的生机感，床头镂空雕花设计透露出古色古香的气息。

设计思考：制作室家具强调细节感，制作桌与矮凳的造型体现了主人对木雕的热爱，饰品上选取了具有东南亚特色的摆件突出异域风情，使宗教文化的元素融入其中。

设计思考： 主卧选用藤艺的双人床与富有质感的挂饰营造强烈的视觉感受，饰品与床品布艺选用素雅之色做点缀，打造出极具东亚气息的空间。

次卧
卫生间
客厅
餐厅
制作室
客房
主卧

1. 本案以自由体态的线条塑造出空间的灵活感，蕴含着东南亚的风土人情，大量的木雕配以麻布的柔和感，营造出一个温馨十足，柔软舒适的多彩之家。

2. 东南亚风格赋予空间更多异域风光的艺术亮点，让生活和文化相互交织，打造出异域文化的居家之感。

Whirling

婆娑

设计定位

本案所在的成都三圣乡片区，是一个浪漫且人文艺术气息浓厚的大环境。80后、90后的新婚青年业主，也有着不太符合年龄层次的一份淡然从容，不浮躁、不娇媚。

风来也婆娑，风去也婆娑，"不谈悲喜，只闻花香"，设计师以青年恬澹的价值观为念，以设计祝福你我在婆娑的世界中生活，望云卷云舒，观波澜万丈而不惊，静待花开花谢。

户型简介

设计公司：成都锦霖设计机构	项目面积：82m²
设 计 师：周彦遐	主要材料：船木、KD板、小花砖、木地板、乳胶漆等
项目地点：四川成都	摄 影 师：刘炜

◆客厅空间◆主题：原汁原味

设计思考：全案贯穿着给人轻盈质感的木料，颜色素净，予人纯净之感。保留原木纹，铁艺的小圆台、陈设还原了生活本色。

细节丰富：立式台灯带来温暖光线，小黄花熏陶生活的热烈与奔放，地毯铺成安心的模样，就在这家的国度里，或一起摇摆，或温柔起舞。

布艺运用：在原色之外，选取棉麻料，增添意趣。淡雅的沙发与茶座，与往来的亲朋好友共享一盏茶，叙古谈今，既是主人对家的设想，也是我们对情感的表达与愿景。

功能多元：交错的木柜设计，嵌入墙体的立柜、"L"形的榻榻米以及小茶杯、三两枝花、小花砖，兼顾小户型的收纳与赏美功能，丰富、亲切。

设计思考：简化的太师椅与环形灯宛若青年对自我的定位，画上泼洒的浓墨则像中式的涵养，柜子的开合间凸显禅意，共同诉说追求简单，但绝不随波逐流的故事。

◆主卧空间◆主题：温馨自然

设计思考：搭配和谐的色彩，满足奔波一日的心灵拥抱自然的内在需求。凌空的床头柜，强化收纳功能；飘窗的设计，让休憩多了一种随心的选择。

◆卫浴空间◆主题：优雅映衬

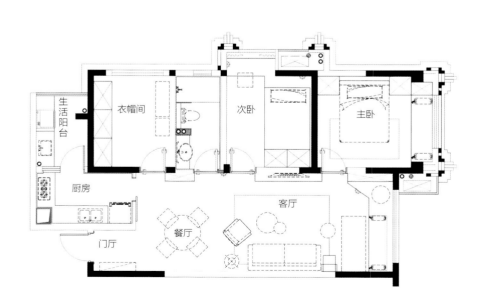

设计思考：以实木为框，内里黑白相衬，稳重中带有灵动的优雅。

◆儿童房◆主题：深蓝简约

设计思考：利用户型顺势而为，在仅有的空间里搭建小书桌、床铺，同时巧设引来自然与人为光源。橙色抱枕点亮空间，营造小房间的温馨氛围。

▰ 设计亮点 ▰

1. 色彩调和：以米白原色为主，渗入靓丽的黄与深沉的蓝、温情的橙，活跃了空间色彩层次。

2. 完善户型：多次借助户型特点，加以完善，设"L"形小憩空间与各式收纳功能，小家不小。

线条简约：利落的线条，使空间化繁为简，迎面的飘窗送来清风，也吹动少年的心。

Light · Quiet

轻 · 静

设计定位

往事浓淡，色如清，已轻。经年悲喜，净如镜，已静。

——苏芩

厌倦了城市的喧嚣，将心安放于淡淡的氛围，在平淡中感悟生命的本真，在静好中尝尽人生的百味，给心留一点空白，不让心因疲惫而荒芜了所有的付出。闲暇时光，静候在无声的岁月里，享受着淡淡的恬静与优雅，静静地陶醉在淡澜书香的气息里，享受一份淡然的心绪，静静的感受生活中的美，搁浅岁月，幸福就在身边。

从测量设计至成品历时大约七个月，整体户型根据习惯及常住人口做一定的改动。贯穿客厅、次卧、主卧的细长南阳台有一部分归纳给了客厅，演变成茶室，喝茶聊天下棋，使得空间实用性大大提升。

户型简介

项目名称：南京金地·湖城艺境
设计公司：木桃盒子室内设计工作室
设计师：周留成
项目地点：江苏南京

项目面积：105m²
主要材料：水曲柳、定制墙纸、墙布、木纹砖等
摄影师：ingallery™

设计思考： 客厅以原木色打造出清静雅致的空间效果，通往茶室的入口运用了类似中式明清风格的月洞门，和整体偏向的日式风格契合。

禅意之境：客厅电视墙面没有做强调，而是通过最基本的家具摆放，清雅的插花和实用的收纳空间表达日式断舍离的禅意之境。过道处放置可开合的日式移门，关上既能起到保温作用，也能起到装饰空间的作用。

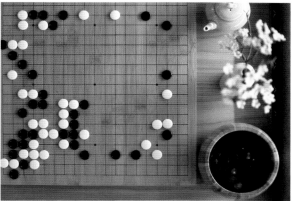

闲茶往事： 从阳台隔离出来的茶室虽然不大，但足以容下三五好友喝茶下棋，畅叙幽情。

设计亮点

1. 原本的北露台通过实际规划变为兼顾储藏、化妆以及客房的功能，让原本的两房变为三房。

2. 大部分家具都是现场制作，色彩、材质和尺寸都做了细细的考究，原木色贯穿整体，软装的搭配协调，洗尽铅华、干净简炼又不乏所喜爱的日式之禅意，通过陈列让空间充满了人文气息。

储藏柜

主卧

客房

露台

梳妆台

卫生间

淋浴

儿童房

厨房

茶室

客厅

餐厅

设计思考： 餐厅较小，和客厅之间也没有明显的分割，增加了空间的流通性，统一的原木色温润雅致，吊灯轻柔的灯光营造了餐厅的氛围，卡座的运用也大大节省了空间。

设计思考： 厨房以定制的家具打造更加便利的烹饪空间，木色的橱柜和白色的墙砖干净爽朗。水槽靠窗设计，干湿分区，通透的空间避免了厨房的潮湿问题，带给家人每日三餐健康饮食。

◆廊道空间 ◆主题：端景之美

◆儿童房 ◆主题：趣味童年

设计思考：廊道在空间过度和规划格局中起到很大的作用，木质的推拉门和米色墙面呈现出干净清爽之感，廊道尽头一幅日本浮世绘挂画成为点睛之笔，高度契合日式风格住宅的主题。

设计思考：由于宝宝较小，儿童房暂时只是满足宝宝游戏的功能，小帐篷和适合宝宝的桌椅，都体现设计师的人性化的关怀。

◆主卧空间 ◆主题：岁月静好

和式之美：主卧外的墙面装饰了充满日式风格的浮世绘挂画，以简单的色彩和细腻笔画描摹出日式艺妓的美态。

设计思考：大面积的落地窗在白纱的遮映下导入和煦的阳光，空间用色温暖舒适，柔软的床品散发出舒适之感，宁静的空间氛围更适合快速入眠。

回归简单生活：主卧的简约设计让人回归质朴的生活，去除生活中的杂念，在柔和床品的安抚下，放松身体，安静入眠。

Style4

时尚多彩
艺术型

Alice in Wonderland

爱丽丝梦游仙境

小说《爱丽丝梦游仙境》中写道："人们总以为时间是一个小偷，偷走了我们所爱的一切。但，时间是先给予再拿走，每天都是一份礼物，每小时，每一分，每一秒。"

童话世界里，全场舞动，我们为爱跨越千山万水；现实生活中，我们同样为爱，不畏艰难险阻，克服重重考验。本案不仅仅是一场梦境，更是梦想的实现。把爱丽丝梦游仙境的小秘密，藏在设计里，绚丽的色彩和独特风格，带给你童话般的体验，恰似一份不会被时光偷走的礼物，给予你只属于你的梦境。

户型简介

设计公司：成都壹阁设计
设 计 师：Denny Ho

项目地点：四川成都
摄 影 师：季光

设计思考：以白色与灰色为主，灰色的墙面加上蓝色的沙发、典雅的地毯，彰显出空间的高雅。搭配亮黄色的挂画、造型独特的灯饰，没有过多复杂的装饰，空间显得宽敞、明亮，表现出极强的艺术感。

饰品摆件：以西方元素的画与雕塑为主，用色前卫，造型简洁大方，以对比鲜明的色块组合与简单的造型衬托出空间构成本身的形式美，创造出一种西式的浓厚艺术气息。

▶ 设计亮点

1. 色彩选择：色彩选择上大胆前卫，每个空间的色彩运用各异，色块与色块之间对比度高，且互为融合，鲜而不乱，空间时尚又富有温情与洒脱。

2. 氛围营造：采用混搭风格，在不同的空间里设计不同的风格，打造不一样的风采，满足居者的各色需求。

◆廊道空间◆主题：如玉似墨

设计思考：主打白色的空间里，一扇同为洁白的窗，墨绿墙面上一幅人形鸟头的艺术挂画，使空间不单调、不僵硬。

◆卫浴空间◆主题：收纳自如

设计思考：结合空间特点，设置收纳柜，在柜子、镜子简约大方的线条中，强调收纳功能。

◆书房空间◆主题：和煦惬意

设计思考：书房选用爱马仕橙搭配高级灰，色彩和谐，设计张扬。个性化的摆件，"U"形的书架与榻榻米，在晨间的阳光与晚间的微风里，在花香中，书香阵阵，休憩也可，不失生活的轻松、惬意。

◆餐厅空间◆主题：馨香熟美

设计思考：在木色桌椅、高脚烛台、餐具的素色中，粉色系盘托装扮出空间的柔和之美。清爽的厨房与吧台，既符合业主的需求，也在清一色的饱和色中，闯出别样的精彩。"温馨熟美鲜香起"，美味之旅尽在此间。

◆ 客房空间 ◆ 主题：自然质朴

设计思考：以米黄色为主基调，选择淳朴的花纹、简化的线条，同时木料保持原木纹，造型一如别间充满个性的灯具亦选用素色，
再配上随处可见的绿植，空间与自然亲密接触，浑然大气，仿佛居者一踏入，便能得以安睡，淡然酣睡。

◆ 儿童房 ◆ 主题：如梦似幻

设计思考：充满童趣的高低铺以及小帐篷的设计，在点亮一串串线性小灯时，就像一个小女孩，闯进黑洞，掉进梦里，遇见梦幻，
开始一场奇妙之旅。这是属于爱丽丝的奇遇，设计师把梦织成现实，打造充满温馨梦幻的空间环境。

设计思考：主卧是女主人的乌托邦，空间以纯白为主调，在墙面上做跳色处理。精致的小阳台，以白色为主，加以简洁明快的蓝色沙发，搭配随意放置的绿植，整个空间既清新舒适，又不失浪漫，具有很强的设计感。

Smart Living

灵动而居

设计定位

本案体现出设计者对梦想的热爱与追求，倾心打造出专属的造梦空间。色彩的对比，创新的设计，配以太空主题的炫酷感，空间定位准确地面向以二人世界为主的年轻群体。

生活是一种态度。更是一种品味。简约的现代化设计，轻盈、流畅的造型。美观、气派，富有亲和力，却又不失现代时尚感。玻璃墙完美地打开了空间的格局，配以客厅的主题墙，增添了空间的互动性和动态感。

作为调动性极大的多功能房，整个空间的格局分外开阔，动中取静，在空间深处设计了开放式书房与卧室，折叠床和移动书桌的完美搭配，更富有创造性的组合，增添了生活乐趣。一气呵成的功能柜体，收藏着琳琅满目的小摆件，为整个空间带来一丝灵动和活泼。

户型简介

项目名称：台湖城市之光
设计公司：广州杜文彪装饰设计有限公司
设 计 师：杜文彪
项目地点：北京

项目面积：54m²
主要材料：白色烤漆板、木纹 PVC 覆膜、米灰色烤漆板、蓝色烤漆板等
摄 影 师：BILL

设计思考：客厅运用一整幅立体太空图文墙纸，仿似置身于天空漫步中，体现出追梦少年的意气风发。空处的球形吊灯增加了空间的质感。合理运用材质的特征，错落有致的布局，配以明快的颜色，美观且实用。

时尚乐章：金属镶嵌的茶几增添了科技感，与同色系的地毯搭配起来，仿佛在演奏一曲新时代前卫的乐章。

收纳空间：极具北欧风情的米黄色木纹铺装收纳，舒适的色彩亮度有效地缓解了空间的紧张感。

前卫与复古的碰撞：复古 CD 碟，显示出怀旧的年代感，一旁抽象色彩的手绘挂画与 CD 碟片碰撞出复古与新潮的艺术美感。

设计思考：为了打破空间的局限，实现空间最大化的利用率，设计师将书房与卧室组成一个多功能房，折叠床和移动书桌的完美搭配，更富有创造性的组合，增添了生活乐趣。

趣味摆件：可移动的书桌和书架设计一气呵成，灰色沙发椅椅背弧度恰到好处，书架中收藏着琳琅满目的
小摆件，为整个空间带来一丝灵动和活泼之感。

书桌一景：明黄色的小鸟摆件和趣味小熊摆件，
打破书桌的沉闷，增添一丝趣味生机。

创意组合：折叠床和移动书桌的完美搭配，摒弃过度繁杂的装饰，赋予简洁、流畅的线条，可以对空间实
现最大化的有效利用。

设计思考：以遨游太空的主题打造卧室梦幻奇特的视觉效果，蓝色宇宙床头背景墙面和黄蓝相间床品
织物共同营造出年轻人对于探索梦想的追求。

设
计
亮
点

1. 错落个性的设计，色彩完美的搭配的视觉效果；
做工考究，演绎卓尔不凡的独特个性和高品质的生
活享受。

2. 多功能房的设计动中取静，折叠床和移动书桌的
完美搭配，更富创造性的组合，增添了生活乐趣。

A Symphony of Lights

多彩香江

设计定位

本案属于港式风格，空间多以金属色线条营造流光溢彩的豪华感，简洁而不失时尚。

如果将居室的室内设计比喻为一部耐人寻味的电影，那么家具设计就是这电影中时时出现在关键时刻的电影配乐、电影插曲，总在最打动人心的时刻出现，有着画龙点睛的作用。

本案的家具装饰便是如此，它们以独特的造型、个性化的色彩、精美的材质点染居室的风格，烘托居室的格调，平衡居室内色彩、图案、明暗、大小等多方面关系，是室内装修中不可或缺的重要组成部分。

户型简介

项目名称：红星美凯龙无锡 C 户型样板房
设计公司：上海李孙建筑设计咨询有限公司

项目地点：江苏无锡
主要材料：大木地板、护墙板、镜面、布艺等

◆客厅空间◆主题：东方明珠

设计思考： 家居设计的线条简单大方，采用内敛的灰、白为主色调，黄、橙、蓝的点缀色营造出热情洋溢的会客气氛。钻石般璀璨的吊灯成为客厅的明星，中和了素雅单调的灰白，与地毯相照应，尽显时尚奢雅。

设 计 亮 点

1. 大量运用钢化玻璃、不锈钢等新型材料，独特的装饰手法，给人一种不受拘束和束缚的感觉，符合当代先进的思想文化。在这样的环境下，房子不仅要住得舒适，还有个性的追求。

2. 丰富多彩的配色给人热情洋溢之感，体现现代都市忙碌之余的人情温度。

家具陈设： 客厅采用素雅的亚麻色布艺沙发，相比之下抱枕的色彩比较跳跃一些，恰到好处地调节了对沙发的刻板印象，与此同时，抱枕的色彩上承现代艺术挂画，下启三色地毯。金属镜面茶几与空间金属线条相映衬，整体搭配低调中悄悄流露出自信与高贵。

视觉焦点： 现代港式客厅在布置上比较简洁，以开放式为主，环绕式的沙发布局营造良好的会客环境。和平严谨的宝蓝色绒面电视墙，与造型独特的深蓝色太空椅形成良好的空间层次感。

◆餐厅空间◆主题：享受美食

设计思考： 餐具精致时尚。色彩上丰富一些，宝蓝色餐巾、灰色大理石桌面、独特造型的高脚杯以及木色洋酒壁橱，都给质朴的餐厅增加了几分内敛的高贵感，但不喧宾夺主，能让人的注意力集中在美食的享受中。

精品餐具： 餐厅设计乍一看去朴实简约，但细节之处见气质。看陶艺酒壶上精致的瓶塞、精心挑选的花艺，这就是小资生活的品质感，毫不张扬的小奢华。

活力吧台： 暖黄的品酒区展示着主人的热情，黑色线条在其中增加了秩序感，忙碌充实又有条不紊不正是港人的生活写照吗？

阳光动感： 次卧动感十足，崇尚自由。各类运动元素展现着繁华都市里潜藏着的一股回归自然、挑战自我的精神。

简易厨房： 厨房不需要华丽，重在实用，整洁清晰。给妈妈一个厨房，她可以胸有成竹地上一桌佳肴，满足你的味蕾。

设计思考：书房空间较窄，其设计宜简不宜繁，力求"高雅绝俗"。现代感的金属与镜面元素使空间得到延伸同时又具有时尚气质，不约束想象。

豪放大气：卫浴与洗手间整体铺设了自然肌理的咖啡色大理石，洁净气派、具有都市感。

整洁时尚：盥洗室设计采用较多的金属元素，丰富的几何线条展现了港式的前卫时尚。

设计思考： 次卧俨然是为青春阳光的大男孩设计的，空间摆设了各类物件迎合了孩子的兴趣，滑板、篮球和球服、超级英雄蝙蝠侠挂画，热情洋溢、激情四射。

设计思考：床上用品运用多种色彩来实现层次感，丰富的视觉效果，高雅大方，既调节卧室的整体印象又与整个居室协调一致。另外，吊灯沉稳贵气，柔和偏暖的灯光糅合了居室丰富的色彩，达到和谐舒适的审美感受。

Between Modern and Classical

现代与古典之间

现代古典风格兼容浪漫优雅与时尚现代，让人们在拥有物质文明的同时享有精神上的慰藉。本案设计成熟睿智，展现出尚古情怀的同时增加现代手法，复古但不刻板，时尚但不前卫。独特的欧洲新古典装饰风格，不仅满足了宽敞完善的功能布局，对现代新贵族的审美和文化心理需求是恰到好处，温馨中体现了现代人对享受生活的新主张，能让人进去后便有种自然而然的回归感和舒适感。

项目名称：青岛·胶州半岛城邦
设计公司：深圳逸尚东方室内设计有限公司
软装设计：江磊、杨李浩

主要材料：浪漫紫荆大理石、尼诺灰大理石、星河白大理石、胡桃木木地板、墙纸、皮革等

设计思考： 现代古典风格，没有现代社会的浮躁，也没有古典主义的深沉，摒弃了过于复杂的肌理和装饰，简化了线条。它巧妙地结合了现代风格和古典风格。用简洁、明晰的线条勾勒出欧洲新古典的神韵，配上得体有度的装饰，让人感受到恬静典雅、悠闲舒适，成为现代人追求高品质生活的首选。

古今交汇： 奢华的包扣沙发与皮质单人靠椅，装点精致的金属、玻璃制品，赋予空间朝气蓬勃又精致奢华之感。优雅的孔雀蓝与热情的探戈橘这一经典撞色，表现了现代与传统的融合，碰撞出兼具超现实与复古风味的视觉感受。

▼ 设计亮点 ◢

1. 色彩蒙太奇：利用复古的活力橙搭配时尚的孔雀蓝造成传统与现代的历史碰撞，形成独特的审美感受。

2. 讲究材料自身质地和色彩的配置效果，客厅原色木质地板搭配蓝色布艺沙发，衬以橙色皮质单人靠椅，使设计达到点题的效果。

塞纳河畔： 香槟色的灯光氛围配上典雅的蓝色包扣沙发，层次分明，尽显尊贵雅致，配上精心制作的卢浮宫照片，金色的玻璃金字塔使背景墙与沙发前景相互呼应。

◆餐厅空间◆主题：活色生香

设计思考： 橙色是最开胃的颜色，使人联想到杯觥交杂的热烈气氛。复古情怀的包扣靠椅、闪着金属光芒的酒杯刀叉，古典与时尚的结合，处处点题。

设计思考：书房以暖黄的灯光为基调，激发人的思维活力。ABS 材质的深蓝亮面书桌、造型时尚的橙色金属书报架，使得书房时尚活泼。圆形吊灯在众多方格几何环境中显得灵动可爱。

◆次卧空间◆主题：温暖可人

收纳展示： 次卧供父母居住，设计风格沿袭了空间整体的暖色调，温暖雅致。布局简洁务实，既不老气横秋又不过分活泼，长辈们每天晨起清风徐来，乘着明媚的阳光，精神飒爽。

◆儿童房◆主题：涵雅英伦风

优雅绅士： 次卧根据居住者的喜好设计了有异于现代明快气氛的英伦风。

◆卫浴空间◆主题：务实简约

镜面元素： 为小空间打造良好的视觉效果，镜子是不可或缺的重要元素。浴室大幅的镜子不仅让可视度扩大一倍，还方便日常整理妆容。

◆主卧空间 ◆主题：淑娴小憩

设计思考：纯洁的天花板在暖色灯光照耀下如香槟一般清新雅致，灰紫色的墙面非常淡雅高贵。主卧精心设计了飘窗，大开窗增加了主卧的自然采光，房间更加宽敞明亮。

IKEA House

宜家之家

设计定位

本案以"宜家之家"为设计理念，全屋精选宜家风格的产品，呈现出清新的居住气质。通过设计师的精心搭配选款，体现出一定设计感和品质感。蓝色沙发和卧室的床相呼应，各个空间选用的窗帘也是一致的材质，虽然家具没有奢华亮丽，但带有设计感的造型简洁明净，也是钟爱简约生活、善于给生活做减法的都市家庭所喜爱的选择。每个空间再用盆栽绿植和鲜花加以点缀，生活气息更加浓厚，也多了一份与水蓝色想匹配的自然清新之感。

户型简介

项目名称：惠州星耀国际	项目面积：80m²
室内设计：戴勇室内设计师事务所	主要材料：格力士灰云石、榉木喷白色漆、橡木地板、墙纸等
艺术陈设：戴勇室内设计师事务所	摄影者：陈维忠
项目地点：广东惠州	

设计思考：走进客厅便能观看到映入眼帘一抹清新的蓝，如雨过天晴水洗过后般透彻的天空蓝。长条沙发和背景墙、窗帘都采用颜色一致的水蓝，让这屋内环绕着沁人心脾的色彩，给人心灵的涤荡。

和谐小夜曲：天花的白色和蓝色墙面为空间主题色，吊灯的选择与天花契合为一体，似漂浮的白云。白色茶几和灰色沙发给水蓝色的客厅带来一段和谐配色的小夜曲，灰白黑的线条拼接地毯更延展了客厅空间。

远方和诗：背景墙上延向远方的桥将空间拉长，给人眺望远方的视觉感受。一个简单的、适合居住的家在色彩碰撞下散发出宜人的气息，让人有一种充满向往的归属之感。

设计思考：延续极简主义的餐厅放眼看去简单克制，墙面的水蓝色和客厅保持一致，四幅黑框展示出来的挂画同样简洁，但又多了耐人寻味的趣味，因为回归到生命本真的状态越是简单越是有趣。

烛光晚餐: 白色餐桌搭配黑白交错摆放的餐椅,桌面上加深的蓝色印花餐垫和餐盘相互映衬,醒目的色彩和整齐配套的餐具显示出
生活的仪式感,两瓶洁净的白色菊花为聚餐增添了几丝幽香。生活中总得有不一样的趣味,蓝色的高脚蜡烛加入,随时都可在家来
一场浪漫的烛光晚宴。

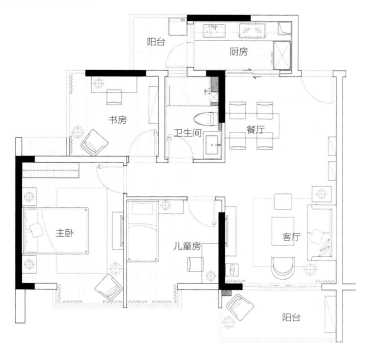

设
计
亮
点

1. 以色彩为线,通过深浅不一的蓝色串联起空间各区域,在统一中见特色,在和谐中又见个性。

2. 选用宜家品牌的家具,打造都市年轻群体的清新小资生活。

3. 空间的主题色彩是蓝色和白色,塑造出碧海蓝天和蓝天白云的空间意象。

设计思考： 古人云"腹有诗书气自华"，"书犹药也，善读之可以医愚"。读书使人明理，书房是人们重要的精神家园。本案书房依旧沿袭蓝色调的搭配，营造出一个适合阅读办公的安静场所。

身心合一： 书房既有正式的工作台，也有深蓝色休闲沙发、白色桌几和银色金属台灯营造的休闲阅读区，不论是全神贯注投入工作还是放松性的休闲，都是主人不可多得的好去处。

设计思考：儿童房被蓝色所包裹，由上至下，由浅到深，蓝绿色相撞的床单和深蓝色的地毯，窗边倚靠的深蓝色懒人椅，地上散落的小汽车，无论是玩耍还是休息，都能在这里得到开心的满足。

探知世界的奇妙：深浅不一的蓝色被运用到儿童房中，浅色清新调皮，深色则沉稳安静，让小孩能体验不同状态下的舒适。浅蓝色的星星和帆船壁纸作为空间背景色，则勾画出孩子的天真、好奇和渴望探知世界的心理。

设计思考：安静优雅的主卧给归家的主人一个温暖的怀抱，缓解疲劳，释放压力。白色和蓝色交织在一起，在墙面和床品上开出温馨的花。深蓝色的窗帘装得下主人的一帘幽梦，床品细腻舒适，睡在上面，轻易抖去一身的疲惫。

静心入睡：蓝白的墙纸细看像跳动的音符，白色床头柜放着盆栽鲜花，绿植的生机和鲜花的清香能帮助主人更好入眠。

Fashionable, Luxurious, Modern Temperament

时尚轻奢的摩登气质

设计定位

在生活节奏飞快，竞争无比激烈的魔都——上海，设计师在设计本套案例时主要针对的是努力拼搏且向往幸福美好生活的年轻客群。

设计师通过调研年轻人对轻奢的理解，从价值观和信仰入手，着眼当代居住理念及形式诉求，用现代时尚的摩登风格打造出一份独有的新锐精神。

本案设计青春活泼，洋溢着朝气又不失理性。尊贵的金色、时尚的金属、精致的布艺等等，从整体上展现气质，在细节处体现质感，打造符合消费者需求的完美居室。

户型简介

项目名称：金地商置——上海九亭公寓　　　　软装设计师：陈誉
设计公司：乐摩设计　　　　　　　　　　　　项目地点：上海
设计总监：潘江　　　　　　　　　　　　　　主要材料：棉麻、皮革、金属等

◆客厅空间◆主题：简洁的新贵

设计思考：客厅大胆地使用挑高天花的设计，给人时尚大气的空间体验。整体干净清爽的白色使空间更加开阔，局部点缀金属元素，提升整体空间的层次感与品质。

岁月流金：金色珠光咖啡杯、拼色玻璃质感糖果盒，拖盘的金属线框包围着的是生活。

◆餐厅空间◆主题：清新舒朗

设计思考：纯白的主色调给人干净开朗的空间感，璀璨的金色餐具及摆件搭配清新的苹果绿靠椅，营造出既贵气又活泼的餐厅氛围。

营造氛围：明亮的黄色插花、高贵的金色餐具和吊灯，整体黄色的暖调增强了就餐时温馨积极的就餐气氛。

设计亮点

1. 室内布局强调了空间的功能性，不同的空间有其独特的设计主题，客厅的时尚大气、书房的沉稳睿智、卧室的闲适安稳等等，各司其职。

2. 软装色调尊重硬装方案，利用浅色突出空间感，通过调整内饰的风格营造出家庭的温馨氛围，看似简洁的外表之下折射出"大时代"的贵族气质。

设计思考： 书房一改客厅的明亮活泼，深色的原木书架使得整体空间沉着下来，架上的镜面元素增加了空间视觉的穿透性。运用与整体手法相一致的是黄色以及金属元素，椅座跳跃的黄色点亮了原本老成的气质，是积极成熟而不含蓄刻板，书桌上的书本灯给空间以时尚高端的气质，平添了不少文艺气息。

设计思考：墙体和天花为简洁的白色，简单素净的白色床品为卧室定下舒适干练的基调，而黄色和蓝色的修饰成功打破了枯燥乏味的气氛。镜面效果的定制衣柜时尚摩登，符合现代商务人士的品位以及对快节奏生活的需求。

细节情调：可爱温暖的黄色与高雅沉郁的黑色是天生一对，成双的玩偶仿佛在诉说夫妻白头偕老的共同心愿。灵动的鸟儿落地灯提升了床头设计的艺术性。

◆儿童房◆主题：阳光少年

设计思考：纯洁的白色是孩子无限的想象力，看那蓝天大海是家长对孩子开阔胸襟的殷切期盼。但即使是望子成龙，也不能失了孩子童年的天真活泼，这跳跃的明黄色不就是孩子的天性吗？

Fashion · Modern · Encounter

时尚 · 摩登 · 遇见

一座繁华璀璨的都市，总是少不了处尊居显却谦和内敛，淡泊名利但掌控时代的焦点精英；每座城市也少不了一个背景雄厚、盘踞繁华却沉心静气的高端项目。

在整体设计中，设计师运用不同质感的元素，打造了一个时尚、现代、摩登的轻奢主义空间。例如，简洁时尚的金属线条的运用在静安府的设计中随处可见，搭配水晶、皮质沙发等，彰显了居室的摩登时尚气质。

项目名称：静安府 T4 样板间　　　　　　项目地点：上海
设计公司：壹舍设计　　　　　　　　　　项目面积：115m²
设 计 师：方磊　　　　　　　　　　　　主要材料：刺绣、布艺、大理石等

设计思考：餐厅与客厅相连，拥有自然纹路的白色大理石面餐桌仿佛从墙上流出来，金属质地流光溢彩的小吊灯垂坠而下，与金属边框的挂画一同增添了空间流动感。饰一瓶蓝色郁金香，让人联想到沙白海蓝的北欧。

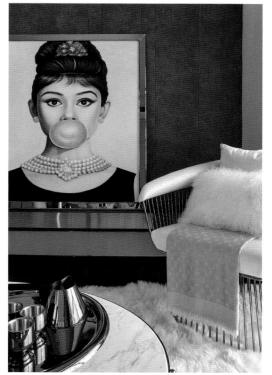

设计思考：女人有千面，哪一面才是真正的自己，又在追寻着怎样的永无止境的梦？敞亮的客厅融入优雅皓白、高贵之蓝、低调奢华的金属色调，设计师在空间中画着大胆而活跃的搭配，别致的质感给人带来时尚而现代的体验。

◆儿童房◆主题：简约真理

设计思考：儿童房充盈着有关童年记忆的小确幸，三色配一灰的四面墙色彩设计，让小天地产生景深的视觉感。

◆主卧空间◆主题：光影随行

设计思考：卧室作为个性私密的专属空间，以纯度偏低的灰色作为大面积白的辅助色，木栅栏的飘窗营造光影随行的效果，原木地板在触碰那一刻，提升了由足底到心尖的温度。

修身养性：外面的世界很精彩，外面的世界有无奈。回到家，在完全属于自己的卧室里，阅卷三两章，寻回最初的自己。

◆次卧空间◆主题：温馨舒雅

设计思考：更深的蓝色给人更内敛的平静。次卧整体明快稳重，观景品茶，将卧室的舒适功能和艺术品位高度融合。

飘窗设计：僻一处静谧，品茶插花、怡然自得。

设计亮点

1. 设计师竭力还原空间本质，营造景色入室来的自然氛围。
2. 金属是设计的点睛之笔，绘制和创造出一种完美的空间体验，打造一段层次丰富、值得无限回味的生活旅程。

Enjoy Life, Pursue the Ultimate

品享生活 极致追求

设计定位

设计是一种永恒的挑战，它要在舒适和奢华之间、在实用与梦想之间取得平衡。世上有些事物卓然无可比拟，如优雅、浪漫极致完美。本案设计手法简约，以色彩 Tiffany 蓝的高度凝练，将浪漫的怀旧气息与时尚摩登风格完美结合，深入生活、反复思考、描绘出最丰富浪漫的空间效果。跳跃的黄色洋溢着生动，金属的质感光泽和柔软的皮草布艺相互衬托，彰显出浪漫时尚，高品味的优雅生活。

户型简介

项目名称：青岛中洲样板房
设计公司：深圳市逸尚东方室内设计有限公司
设 计 师：江磊、汤佳

项目地点：山东青岛
项目面积：95m²
主要材料：希林灰大理石、银枫影木饰面、橡木实木木地板、墙纸等

设计思考：蓝色长条沙发和墙面挂画无疑是客厅的聚焦之处，蓝色的沙发上摆放着足够的靠枕，蓝色、橙色和白色，总有一款是你喜爱的。白色绒毛的沙发榻椅、米黄色的单椅造型雅致有韵味，背景墙上的挂画带着些许欧美风情，那一抹黄，为空间增添了许多华彩。

休闲一隅：贝壳式样的白色沙发有着优雅的外貌，手工制作的弧度贴合人体力学模式，大小不一的抱枕更加满足放空身体时的需求。

艺术摆件：黄色的瓶底和灰色的瓶身，两种色彩的碰撞让瓶子更具艺术召唤感。

◆ 书房空间 ◆ 主题：摩登轻奢

设计思考：虽然书房是一个充满书香，适合阅读的区域，但本案设计师打破人们对书房一贯的认知，延续客厅的主题，打造出一间充满轻奢时尚的书房。

设计思考： 洁净的餐厅透露出雅致的就餐氛围，蓝白色的餐椅搭配白色的餐桌，金色的桌脚显得更加有色彩上的层次，因为黄色插花的加入，餐桌似乎散发出太阳般的光辉，别致的花瓶和器皿，让每次就餐都显得讲究，墙面用珍珠和金饰裱装的挂饰，与餐厅色彩相配又具有艺术感。

设计亮点

1. 空间采用象征浪漫与幸福的蓝色搭配跳跃的黄色，丰富而优雅，演绎不俗的时尚摩登品味。

2. 运用金属光泽提升空间质感，极致而浪漫，永恒地承载着优雅的美感，昭示着完美无瑕的品质。

3. 适当的留白空间减少了拥挤之感，也给身体和灵魂带来更多的自由空间。

设计思考：年轻的女儿有一个公主梦，卧室以白色床品、天花和窗纱为背景色打底，灰色的床头背景墙为主色调，墙面装饰着蓝绿色的挂饰，床上用黄色枕头和床毯加以点缀，黄色窗帘也契合了女儿活泼甜美、青春洋溢的气质。

设计思考： 宁静优雅的主卧以蓝色的床头背景板聚焦眼球，成为卧室主角色，米白色的缎面床品用亮黄色加以点缀，纯净的白色绒毛脚榻显得高贵大气。白色的天花和墙面让卧室更加洁净，床头背景上的金色太阳镜面挂饰温暖向阳，床尾斗柜上水蓝的油画含蓄清新，一如这卧室让人如沐清风。

优雅回首： 画中女子优雅矜持，欲说还休，蓝色调衬托出令人无限遐想的优美。

一袭暖阳： 大多数人都喜欢带有飘窗的卧室，拉上白纱，阳光褪去热烈的温度，变得温暖和煦，无论是发呆还是看书，都是不错的放松自我方式。

When Yellow Meets Senior Gray

当明黄遇上高级灰

设计定位

港式，是最符合现代港人审美标准的设计风格之一。本案设计抓住港人的气质和审美而作，灰色调给人知性雅致的感觉，与现代港式风格可以说是恰到好处的匹配，灰色是一个层次最丰富、最广阔的领域，柔和、平静、稳重的特点使它能包容一切，使搭配看起来和谐美好。而房内温婉的原木色和明艳的黄色给沉稳的空间以温柔，给平静的空间以生气。

户型简介

项目名称：对话高级灰
设计公司：成都润舍纳图装饰设计有限公司
设 计 师：李雪、刘聚泽

项目面积：69.98m²
主要材料：石材、仿古砖、木饰面、实木复合地板、艺术墙纸等
摄 影 师：季光

设计思考：当项目中灰色成为主色时，为了让环境不显得过于沉闷，而又要保持空间的安静氛围，设计师在设计方案中使用一系列黄色来修饰点缀，以此来打破单一的灰色空间，使整个空间层次更加丰富。墙壁上两幅现代抽象挂画使空间动感十足。摄影器材的点缀可谓点睛之笔，不管是空间改造还是布置陈设，我们最终的目的就是营造出"像家一样的家"。

设计思考：餐厅布置可折叠实木餐桌，简洁造型的时尚吊灯，金属包边的落地镜面加大了餐厅的视觉延伸感。墙上圆碟形式别致新颖的装饰，一匹黑色骏马与灰色的墙面相得益彰，增加了空间的张力，时尚感尽现。

▼ **设计亮点** ◢

1. 项目设计配色非常大胆，平静的灰色搭配热烈的黄色使得素雅的整体背景不显枯燥。

2. 镜面与金属元素、室内的摄影装备增添了室内的现代科技感。

设计思考：卧室在素雅的浅灰色中加入了考究的深灰色，自上而下地提升了空间的层次感。床头的黑胶唱片携带着复古的气息与灰色空间完美交织。

黑白几何：空间整体成暖黄色，木质壁柜给人温和的触感，黄色波浪地毯赋予空间明亮的律动。黑白线型挂画以及三角几何黑白抱枕成为空间的焦点，黑白配给整体热烈的气氛以冷静沉着。

设计思考：儿童房大面积使用明黄色与米白色的搭配，加以少量的黑色饰品点缀，结合明亮的室内光线，整个空间欢快而跳跃。造型独特的 Panton 椅给垂直的空间线条增加了曲线美。

天真活泼：床头蝙蝠侠萌化的卡通造型天真可爱，儿童房没有窗户，而垂直竖线的壁纸拉伸了整体的视觉感受，减轻了卧室没有开窗而带来的压抑感。

Home To Journey

旅途的归宿

设计定位

都市日渐繁荣的形态，仓促的脚步和闹腾的车水马龙，人在时代面前如沧海一粟，天地蜉蝣，被时代的洪流裹挟前进。偶尔的迷茫丢失了年少的初心，忘记来时的路。如果说人生似一场不知终点的旅途，永远不知下个路口通往何处，那么家则是途中疲惫时的归宿，任何时候都张开双臂，迎接每个行人的归来，让你彻底放松自我，抖去一身的疲劳。

本案以港式风格定位，在精致的空间外表下打造富有温度和温情的居住空间，让旅途回归的家人感受来自空间的治愈力量。

户型简介

项目名称：万科新都会样板房
设计公司：深圳渐近线建筑设计有限公司
设 计 师：杨凇、徐冉
项目地点：浙江温州

项目面积：95m²
主要材料：胡桃木木饰面（直纹）、古堡灰大理石、仿铜不锈钢、铜条等
摄 影 师：阿龙

◆客厅空间◆主题：一米阳光

设计思考：纵使走过千山万水，看过繁花似锦，外面世界再美妙，终究抵不过家中一米暖阳笼罩的幸福。客厅木饰面背景墙颜色选择恰当适中，木色的温润与落地窗投射进来的阳光在客厅相互交织，通透而又有温度的空间效果应运而生。

窗明几净：米白色的沙发洁净优美，给予人心灵的洗涤，沙发单椅和圆坐凳自成一体，高低相衬的金色茶几错落有致，富有层次感。沙发一旁的白色摆件，低头深思，充满了哲学思辨之意。

隔而不断： 开放式的空间不仅体现出设计师醇熟规划空间的能力，而且给人更大视觉空间的享受。客厅与书房以金属材质镂空隔断，隔而不断中加强空间交流，更通透的视野便是对生活美好的馈赠。

◆ 餐厅空间 ◆ 主题：唇齿留香

设计思考： 生活的幸福感大多被美食和与家人一起进餐带来的欢乐所定义，一日三餐不再是为填饱饥饿感的过程。开放式的餐厅以水晶吊灯凝聚就餐氛围，吊灯与餐桌走向高度契合，皮革餐椅流畅的弧线更贴合人体受力习惯，青绿色精致的餐具和绿植插瓶，生机中增加食欲，让每次就餐都充满对生活热爱的仪式感。

设计思考：古人曰："自得读书乐，不邀为善名"。现代人们越来越注重自我涵养的提升，于是书房便成为许多家庭必不可少的空间，不为附庸风雅，只为自得其乐，沉淀内心。港式风格的书房线条明朗，虽没十足书墨飘香的气息，但一桌一椅亦足以静下心来阅读思考。

静默沉思：金属感十足的书架上摆放着主人喜爱的阅读之物和工艺品，米白色的皮革单椅舒适减压，光滑平整的书桌上白色沉思者摆件则具有残缺的美感。

◆卫浴空间◆主题：纤尘不染

设计思考：主卫空间以玻璃推拉门将干湿区分离，靠近淋浴区的一扇小窗让空间更加通风流畅，隔绝了霉湿味的滋长。

◆ 主卧空间 ◆ 主题：安稳时光

设计思考：主卧设计将沉稳克制的色调运用到极致。高级灰的床品搭配棉麻质感的织物，形状不一的枕头各有讲究，舒适有度；床头抽象山水挂画内敛沉稳，可见主人之性情；吊灯熠熠生辉，精致舒适的空间给予主人现世安稳的幸福时光。

◆ 客房空间 ◆ 主题：静谧暖阳

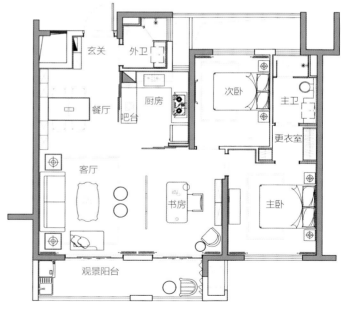

设计思考：次卧以蒂芙尼蓝色和醒目的明黄色布艺来装饰，明黄色如一抹暖阳，为空间增加温度；蒂芙尼蓝和明净的纱窗，则静谧如蓝天白云，让人置身大自然的亲抚之中。

设
计
亮
点

1. 空间和谐而统一的港式风格，删繁就简，简约却不简单，给归来的家人最纯粹地还原生活本真的享受。

2. 自然的木色调和港式风格在空间相遇，打造出休闲而不失时尚的都市快节奏休憩港湾。

Style5

田园风格
浪漫型

Blue Sea & Clear Sky

碧海蓝天

设计定位

地中海，西方古文明的发源地之一。地中海风格的美，包括"海"与"天"明亮的色彩，总会让人想起法国导演吕克·贝松执导的《碧海蓝天》。

该片的故事从希腊开始，讲述一种情愫，一种对纯蓝之海、对生命的终极追求。那是设计师心中看过的最美的电影，那个如海般纯洁无瑕的男孩，那一抹令人心醉的蓝色，令人记忆犹新，心驰神往。

因此，设计师带着对神秘的大海的向往进入本案，潜入海底去追逐、去嬉戏，去为居者还原一片蔚蓝海域。

户型简介

项目名称：御景名城样板房
设计公司：成都润舍纳图装饰设计有限公司
设 计 师：李雪、刘聚泽
项目地点：四川成都

项目面积：68m²
主要材料：石材、仿古砖、木饰面、实木复合地板、艺术墙纸等
摄 影 师：CC

设计思考：以海洋的蔚蓝色为基色调，利用开窗捕捉自然光线，搭配舒适的家具，完美呈现地中海风格的休闲体验。大胆而自由地运用色彩、样式，大面积的蓝与白，清澈无瑕，诠释着人们对蓝天白云、碧海银沙的无尽渴望。

饰品摆件：不需要太大的技巧，保持简单的意念，不被各种流行元素所左右，取材于大自然，枯枝、贝壳、细沙……小饰品经过了时光的流逝日久弥新，储存着岁月的记忆，反而有一种独特的风味，于自然之中还原地中海原本的模样。

元素运用：打破常规手法，在表现传统观念中的地中海的同时，在饰品选择上大胆尝试植入中式元素，在大海气息扑鼻的时候，更在居住体验上亲近了中国业主的人文与心理，可谓标新立异，不走寻常路。

设计思考： 海一样的纹饰，海一般的洁净与蓝调，源于自然的鲜花绿植，共同体现向往自然、亲近自然与感受自然的生活情趣。

设计亮点

1. 拱形设计：线条不修边幅、浑圆，或虚或实的拱形门，让居者在走动中观赏，打造延伸视觉的透视感，也塑造了室内的窗中景，达到移步换景的效果。

2. 色彩纯美：典型的地中海蓝、白色的色彩组合，不造作、本色呈现，饱和度高，体现出色彩最绚烂的一面，营造出身处海边、海浪拍打的既视感。

设计思考：在空间里泼洒大海与蓝天白云的色彩，地毯如海波、如地形，摆饰如海的亲密追随者，居者时时刻刻都能够拥抱大海，海的浪漫与绝美的迷人属性在空间里不断回荡。

设计思考：软装布艺搭配上，采用传统民族特色纹样以及梦幻色彩的线条，表述地中海风格的浪漫情怀，既散发传统魅力，又注重了时尚的和谐。

Half Summer

半夏

设计定位

红，如你明媚的唇；黄，似一颗咬在你齿间的柠檬糖；蓝，把海的颜色都凝入通透的水晶；绿，是白墙上肆意张扬的藤蔓；所有的颜色，在午后骄阳下分外耀眼。炎热的夏天总易使人焦躁，空气中的热浪侵蚀身着体每处肌肤，而这时只想回到家中，将室外的热暑隔绝在外。地中海风格天然的清新带来的凉意，正是这酷暑半夏所需要的居家风格。

本案完成于酷夏时分，地中海风格清新浪漫，原房型采光不好，通过改变空间布局使得采光和通风都得到很大改善。看过的朋友有的说似乎闻到了大海的味道，有的说好像是初恋的味道，问我为什么，我说这就是夏天的味道，最热的半夏。

户型简介

项目名称：南京东虹花苑
设计公司：木桃盒子室内设计工作室
设 计 师：陈海
项目地点：江苏南京

项目面积：90m²
主要材料：定制墙纸、仿古砖、布艺等
摄 影 师：ingallery™

设计思考：客厅中的蓝色沙发如海水般透彻清凉，给闷热的夏天带来视觉上的凉意。风轻轻吹拂过窗边白纱，好似海风袭袭，送来清凉的慰藉。

扬帆远航：沙发背景墙面上错落有序地挂着世界各地的建筑地标和航海方向盘，远方的风光和一抹蓝色的魅惑，打开人们探索世界的窗口，充满了对神秘海洋的向往之意。

◆餐厅空间◆主题：清凉一夏

设计思考：餐厅以清爽的蓝色桌椅和外露木梁营造出地中海风情的韵致，墙面近海的风景和天花吊扇灯的运用，似阳光沙滩海风迎面吹来，给就餐带来轻快的凉意。

设计思考：蓝色的床和床头柜、窗帘形成呼应，白色床品看似简约，但在空间清爽的蓝色衬托和红色的点缀下，似乎柔和了夏日的炎热，散发出温暖的凉意。

▰ 设计亮点 ◢

1. 以地中海风格打造清新舒适的居家氛围，同时提取海洋元素演绎空间的年轻感和温馨感。

2. 通过改变空间布局，不仅提升了空间的采光和通风度，也大大提升了空间的利用率。

3. 以清新的蓝色调为主，即便是在闷热的夏天，也在视觉和身体感受上带给居住者一丝仿佛来自海边的凉意。

设计思考：主卧以黑色铁艺床搭配白色床品，愈加衬托出空间的洁净无瑕。彩色的织物床头壁龛上的插叶摆件极具异域风情，蓝色的彩窗既具有装饰性又具有实用性。

A Better World

更好的世界

设计定位

用我们的心紧紧贴住生活，用我们的手指抚摸每一寸时光，我们会发现，平常的日子原来可以如此光彩夺目，感受生活，珍惜时光，遇见更好的世界。

设计的过程，是细化生活片段的过程，也是设身处地假想体验的过程，把碎片整合，模糊变清晰的过程。更好的设计就是为了遇见更好的世界。

本案风格定位上和业主沟通后偏向清新北欧风，在色彩运用上局部以跳色搭配，偏爱马卡龙色系，没有走素冷调子，目的是为了让整个空间活泼、年轻、时尚。整个过程谢谢业主的竭力配合，使得整个作品完整统一。

户型简介		
项目名称：南京—瑞鸿名邸	项目面积：110m²
设计公司：木桃盒子室内设计工作室	主要材料：水曲柳、文化砖、面包砖、定制墙纸等
设 计 师：周留成	摄 影 师：ingallery
项目地点：江苏南京	

设计思考：客厅整体是清新温暖的格调，沙发墙面选择可爱小白砖，和宜家黑色落地钟形成对比，抱枕的黄色元素和实木单人椅统一后起到点亮空间的作用。

◆厨房空间◆主题：爱的互动

设计思考：厨房呈狭长设计，但设计师合理利用空间，安装折叠餐台，有时候妈妈做好早餐，宝宝就可以在这小餐台上独立享用早餐。

开放空间： 餐厅卡座满足业主多人用餐的要求，餐厅和沙发后的装饰画很好地起到呼应。为了实现弱化电视墙面效果，特意只采用同一系列家具整体搭配。

温馨清新： 玄关处墙面挂饰的配合遮挡了强电箱，同时也寓意着团圆。墙面选择浅黄色墙布增加温馨感，鞋柜的拉手和玄关处的挂饰形成呼应。

◆餐厅空间◆主题：美好时光

设计思考：受空间的局限，为了满足业主容纳4至6人的用餐空间，设计采用餐厅卡座的形式，并以清新的水蓝色搭配淡粉色，兼具美观的同时也大大增加了空间的实用性。

◆主卧空间◆主题：阳光之家

设计思考：主卧室和整体风格统一，个性定制墙布的运用提亮空间，床头写字台的摆放适用于业主的生活工作习惯。原木的床架和书桌散发出质朴的删繁就简的气息，床头灯和吊灯温暖和煦，点亮家中的温度。

休闲阳台：阳台在保证晾晒功能满足的前提下，同样也装饰得精致美好，或纳凉，或谈心，或烧烤都可在此得到满足。

设
计
亮
点

1. 户型改造：通过压缩客厅空间腾让出一间卧室，餐厅卡座的运用解决了多人用餐的问题，做到真正解决业主居住需求。

2. 卫生间的干湿分离，洗脸台的布置充当了隔断来遮挡卫生门，北阳台归纳给厨房，增加空间的实用性。

◆儿童房◆主题：甜美梦乡

设计思考：女儿房以粉嫩色系的床品和窗帘打造出甜梦的公主梦幻城堡之家。

◆卫浴空间◆主题：明亮洁净

设计思考：洗漱空间在外，与淋浴空间和马桶隔开，干湿分离的设计，大大提升了空间的利用率。

Charming Time

旖旎时光

设计定位

古人云："千般袅娜，万般旖旎"，宛转柔顺，温存柔媚，居室里的旖旎之蓝与紫仿佛高度还原的食物色彩，忍不住一步一口，吞进肚中，化为对新生活的无限虔诚憧憬。

以梦幻紫、香芋紫、蓝紫色作为基础色，搭配精致的灯具和其他软装，本案设计师演绎端庄、大气与精致，设法实现充满浪漫想法的活泼姑娘的家园梦想。在这新房里，年轻人拥着伴侣，丝丝优雅，开始了人生的另一段美妙旅程，开启了新的旖旎时光。

户型简介

设计公司：清羽设计
设 计 师：宋夏

项目地点：四川广元
摄 影 师：季光

设计思考：色彩丰富，干净明亮。家具线条简洁，然不失质感。金色元素运用纯熟，质朴中呈现优雅。电视下的壁炉，火红似的温暖给空间增加温度，而黄瓶红果的配合彰显了空间的饱满和谐。

设计思考：嵌入式烤箱切近生活需求，"U"形餐厅、厨房气质亲切而高雅。布面铆钉软包餐椅与实木餐桌相互调和，素净低调。
富有创意的灯具平衡了空间，美化整体的视觉观感，洋溢着时尚风。

◆主卧空间◆主题：浪漫甜蜜

设计思考：香芋紫的大幅运用，氤氲出绵绵的爱意，如一位秀美的女子从原野走来。窗户的木质装饰，灰白六方形地砖，
为空间注入端庄元素，倚窗凭眺，柔美温馨。

◆客房空间◆主题：简约自然

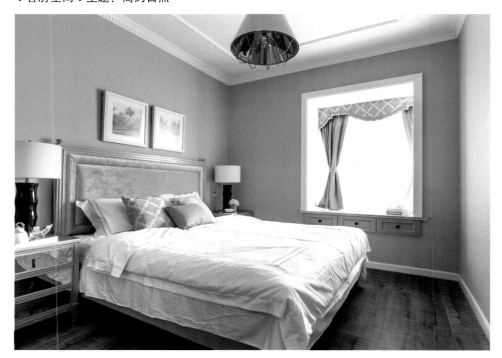

▰ 设计亮点 ◣

1.色彩丰富：五彩缤纷的糖果色块在空间里自如
穿插，协调、无违和，强调设计感。

2.采光强大：采光区多，且飘窗与窗帘兼备，满
足各性喜好。

3.创意灯具：在各功能区陈设富有前卫感的灯
具，靓丽养眼。

Poems & Voyages

藏在家里的诗和远方

设计定位

每一次旅行的意义不仅在于美丽的风景，还在于对未知的憧憬和自由的向往。

热爱旅行的人对家的定义也总是更加与众不同。旅途中的那些人，那些故事以及所有的美好，都值得去回味、去珍藏。把旅行的意义带回家，

家里也就拥有了诗意和远方。

本案设计饱含着美式田园的温馨明朗，又不乏现代时尚。设计整体安逸舒适，但处处都体现着世界之大。

户型简介

项目名称：淮安金地商置软装设计项目 A 户型

设计公司：上海益善堂装饰设计有限公司

设 计 师：王利贤、张琳琳

项目地点：江苏淮安

项目面积：89.6m²

摄 影 师：温蔚汉

设计思考：本案美式工业风的高冷让空间充满了粗犷的质感，让人联想到美国的牛仔文化。金属与木质结合的家具，带着旅行主题的家居元素，被时尚的明亮色彩衬托着，产生富有差异性的交融。简洁沙发呈半合围状包裹着客厅，蓝白相间波浪状的地毯使整体暖橘色的空间明朗起来。既能拥有美式的粗犷氛围，又增添了居室温度与气质。

装着世界：大幅的世界地图给人开阔的视野，棕黄色的皮质沙发温暖着整个客厅，行李箱式的白色木质长桌仿佛搜罗了全天下的奇人异事。

个性台灯：如水准仪一般的三脚架台灯，铮亮的金属色泽与皮质沙发一同强调着阳刚与豪放气质。

空间布局：室内自然采光效果非常好，良好的空间布局使得各个开放式的功能区既实用又宽敞明亮。

▌ 设计亮点 ◢

1. 案例整体风格鲜明，整体统一的木质天花、世界地图纹样的壁纸等，都体现了设计师独特的创新手法。

2. 一些怀旧元素迎合了时下文化资产者对生活方式的需求，既有文化感，又不失贵气，轻松自在又不失情调感。

设计思考： 相对客厅而言，餐厅增加了美式田园的气息，一束绚烂的夏花让就餐气氛变得热烈且充满活力。一面红酒墙则体现了时尚典雅的贵气，睡前斟上半杯，细细品来，这不是酒，是生活。

厨房格局： 厨房为米黄色，干净温馨，一个中岛使厨房与餐厅形成半开放的格局，提高了空间活动的伸展性和联系性。

设计思考：全白的硬装让空间显得洁净、明亮，从而拓宽视觉空间。色彩跳跃的床品并没有打破空间所需要的安静祥和，从深蓝色钉结床头隐约看见了欧罗巴式的高贵。

暖心下午茶：温馨闲适的午后时光里冲一壶阿萨姆、吃几块司康饼，精致的生活在点滴中体现。

设计思考：同样是白色调，赋予空间更多的想象。世界地图纹饰的墙纸、地球仪样式的吊灯、各色的收藏品，展示着旅行的成果。看摄像机与展柜上的镜头，旅行时看世界，镜头则帮你把世界带回家。

留下的足迹：走走停停，拍下旅行者的好奇与兴奋，把世界带回家，走进书房带你看看我走过的世界。

Jade Town

小院青城

诗曰："平明绝顶穷幽讨，更上青城望一回。"青城山，又称"洞天福地""神仙都会"，自古时起，文人墨客便寻至此，或探幽访胜，或隐居修练。如今依然，青城山下，绿树成荫，一方净土，一栋房子，奢华中依旧蕴涵绿意。

本案设计师在设计中融合青城山特点，面向四海八方之游人，盼其在人来人往中，踏入此间，落脚憩息，轻易地便寻觅到青城山的幽与道家崇尚朴素自然、返璞归真的态度。

户型简介

设计公司：之境内建筑设计咨询有限公司

设计师：陈晚霞

项目地点：四川成都

项目面积：88m²

摄影师：邓俊涛

设计思考：空气里弥漫的明黄与古铜色，飘拂着华丽暖风，几抹国际范儿的绿又沉淀出从容。少些浮躁，多点宁静，夜晚总是叫人向往一张床，一盏灯无言地陪伴你整晚的时光。

◆餐厅空间◆主题：沉稳文雅

设计思考：黛绿是中国的传统色彩，摆件彼此承接，让人于青城中联想到江南的粉墙黛瓦，小桥流水。

◆次卧空间◆主题：简要不烦

设计思考：去繁留简，整洁的白色调中，粉饰墙面横纹，装点挂画，打理出卧室的机灵。

设计思考：古朴的家具材质，在亚热带植物配饰的墙纸和抱枕，以及亮闪闪而不耀眼的灯饰的衬托下，描绘大度和清丽。

▮ 设计亮点 ◢

1. 用色讲究：采用黄色系和青绿色将各区连接，中式色彩中带有国际绿，闲雅高贵。

2. 陈设搭配：置入绿植，表现"青城天下幽"的特点，屋外设沙发茶几，亲近自然，和睦舒畅。

Greenhouse Girl

花房姑娘

设计定位

歌中唱道："你带我走进你的花房，我无法逃脱花的迷香……你说我世上最坚强，我说你世上最善良，我不知不觉已和花儿一样。"花代表美丽，以及对美好生活的向往，空间的张力亦如歌所唱的一样芳香。

在本案中，设计师用色彩注入活力，让家的每一个角落都新鲜，散发着花儿般的味道，令居者对着明媚的阳光绽放一缕笑容，感受春天的蓬勃气息，体悟自然的大方与愉悦。

户型简介

项目名称：海赋江城天韵样板房　　　　　项目面积：106m²

设计公司：武汉美宅美生设计　　　　　　主要材料：乳胶漆、板材、铁艺、布艺等

项目地点：湖北武汉　　　　　　　　　　摄 影 师：陈铭

设计思考：抽象画的画风颇有乐趣，左右对称的格局与带有各自特性花纹的抱枕，以及木质桌子，如此靠软装装扮的客厅，简洁中也有几分俏皮。

色彩调和：活跃的黄色系、温润的木色系、低调的蓝色系，在姜黄色鹿头的统领下，空间色彩不杂乱，也不单调，倒渲染出一份和谐的视感。

元素运用：饰品摆件皆与花相关联，花艺、椅子、挂墙的七彩圆盘，不一样的"花"共同突出空间小而美、精致的细节。在花意荡漾中，放空心灵，发呆、思考人生，不失为居家的一大享受。

◆餐厅空间◆主题：清新美食

设计思考：穿过玄门安放外界尘土的鞋帽柜，蓝色小清新的餐厅映入眼帘。窗递来光，桌盛放美食，椅坐着你我，安静或细谈着品味一顿美食，美好而叫人向往。

细节丰富： 大象与花朵装饰的餐椅，书房自带兔子耳朵的座椅，素雅的花艺，以及一对艺术挂画，在一排灯罩的映射下，彼此作用，一派生机中兼顾素静。

◆书房空间◆主题：午后阳光

设计思考： 将餐厅旁的生活阳台的一部分设为开放式书房，一部分分为厨房，在满足多样性功能需求的同时，让每个空间都更加敞亮明亮。在阳光正好的下午，看看电脑，喝杯咖啡，就能把生活过成想象中的模样。

设计思考：高低铺的小阶梯上，可爱的阿狸在等待小主人一起玩耍。显眼处的玩具，表现儿童要开车带朋友去兜风的愿望。色彩与摆件在木料营造的古朴中，泛起儿童世界的纯真。

设计亮点

1. 布局调整：对原本较为方正的户型做进一步的优化，将两个小卧室改为一个大卧室加衣帽间，将生活阳台的部分改为书房，改善空间功能和舒适度。

2. 色彩软装：颜色大胆，有格调，有情趣。软装配饰为空间增色，有新意，有创意。

设计思考：舍去一个房间，把主卧和衣帽间设计为一体，仿佛把主卧设计到一个超大的衣帽间里，产生错觉惊喜。大飘窗与梦幻色调的床品，似乎能让女主人实现公主梦，而简单的调色与麋鹿元素的运用也让人眼前一亮，共筑惬意的睡眠空间。

图书在版编目（ＣＩＰ）数据

小户型空间设计速查 ／ 深圳视界文化传播有限公司
编． -- 北京 ： 中国林业出版社，2017.9
ISBN 978-7-5038-9298-1

Ⅰ．①小⋯ Ⅱ．①深⋯ Ⅲ．①住宅－室内装饰设计－
图集 Ⅳ．① TU241-64

中国版本图书馆 CIP 数据核字 (2017) 第 239167 号

编委会成员名单
策划制作：深圳视界文化传播有限公司（www.dvip-sz.com）
总 策 划：万绍东
编　　辑：杨珍琼
装帧设计：叶一斌
联系电话：0755-82834960

中国林业出版社　·　建筑分社
策　　划：纪 亮
责任编辑：纪 亮　王思源

出版：中国林业出版社
（100009 北京西城区德内大街刘海胡同 7 号）
http://lycb.forestry.gov.cn/
电话：（010）8314 3518
发行：中国林业出版社
印刷：深圳市雅仕达印务有限公司
版次：2017 年 10 月第 1 版
印次：2017 年 10 月第 1 次
开本：215mm×275mm，1/16
印张：18
字数：300 千字
定价：280.00 元 (USD 48.00)